図解 思わずだれかに話したくなる

身近にあふれる「微分・積分」が3時間でわかる本

著 狭川 遥
監修 鍵本 聡

この本を開いた皆さんへ

微分・積分という言葉を聞いて逃げ出したくなったそこのあなた！∫（積分記号）や dx（微分記号）などを見ただけで逃げ出したくなったあなた！

ちょっと待ってください。まずはこの本を少しでも読んでみませんか？

「微分・積分なんて自分には関係がない」と考えている人もきっと多いでしょう。

でもあなたは今、この本を手に取って読んでいます。ということは、きっと心のどこか片隅では微分・積分のことがちょっと気になっていたり「わかるようになれたらいいな」と思ってくれているのではありませんか？

安心してください。この本は普通の微分・積分の本とは少し違います。ダラダラした日常を送っている私が気づいた、ささやかでほのぼのとしたことについてまとめています。たとえば数年後の貯金額の増やしかたについて微分を用いて考えてみたり、恋愛がうまくいく方法を積分を使って考えてみたりしています。この本を読んだことで「なんだか微分・積分って面白い」と少しでも思っていただけたら幸いです。

そもそも、微分・積分は見慣れない式が多く戸惑うかもしれませんが、その根本にある「物を細かく分けてそれを調べる」という考え方自体は、玉ねぎをみじん切りにして傷んだ部分を探すようなものでそれほど難しいことではありません。コツさえ掴んでしまえば、社会上の様々な問題も微分・積分の考え方に当てはめることができるようになるのです。

私の微分・積分との出会いは『アメリカ流　７歳からの微分・積分』という一冊の本からでした。この本の内容を一言で説明すると、小学生でもできるような算数の計算問題をきっかけに微分・積分について知ってもらおう、という内容の本です。当時私はまだ中学生でしたが、まるで新しいパズルを見つけたかのように夢中になったものです。私も「少しでも微分・積分のことを知りたいという人たちの役に立ちたい」と考えたのが、本を書くきっかけになりました。

もともと数学に苦手意識を持っていた人もいるかもしれません。実際のところ微分・積分は高校で初めて出てくるような概念ですが、その便利な考え方を知ることなく暗記に頼った結果、そこでつまづいてしまう人もいるのだと思います。

しかし、私はそのような人にこそ、この本を読んでほしいのです。なぜなら、この本は微分・積分の数式をできるだけ省いており、考え方から学ぶことを重視しているからです。微分・積分を知らない人がその楽しさを一から知ってほしいと思い、この本を書きました。それが少しでも読んでいただいた皆さんに伝われば、うれしいです。

微分・積分の考え方は、実際の数式や数字を扱うものでなくとも日常生活の様々な場面で活かされています。それは筋トレや料理など、あなたの想像もしないところにまで及んでいるかもしれません。この本の登場人物、グラルくん やアイちゃんのやりとりを読んでそれに気づいたあなたは、きっと何気ない日常の景色も少し違って楽しめることでしょう。

また、各項目の最後には簡単な数式も紹介しています。興味がある人はそちらもぜひ読んでみてください。

初めての本の執筆で不慣れだった私ですが、親身になってご指導をくださった数学者の鍵本聡先生、ありがとうございました。また進行をチェックしてくれた母など、執筆にご協力くださった多くの人たちにも心から感謝します。

令和３年　狭川 遥

目次

第3章　社会生活編

第4章　趣味＆レジャー編

第5章　コミュニケーション編

装丁・カバー挿画：末吉喜美
著者似顔絵・本文挿画：kakakiki
組版・図版：株式会社 RUHIA
校正：株式会社東京出版サービスセンター

第１章

微分・積分とは

1　なぜ皆、微分・積分でつまづくの？

その名前だけでも敬遠されがちな微分・積分ですが、ちょっとその中身を覗いてみましょう。実は普段からあなたたちのそばにいる、意外と親しみのあるものかもしれません。

微分・積分は、高校の数学で習う単元です。
「微分・積分」と聞くだけで辛そうな顔をする人、数学の中でもとても難しくてわからないものだと思い込んでいる人も多いです。

微分・積分には、式に「dx」や「$\int$」などの見慣れない記号がついています。
記号が入りまじった、呪文のような長い式。それを解読するのかと思うと、思考が停止して固まってしまう人もいます。
つまり、**微分・積分は、見た目でとても損をしているのです。**
原理を知ればその記号のひとつひとつの意味がわかり、親しみも感じるはずなのですが、多くの人は難解なものだと予測して腰が引けてしまうようです。

しかし、見た目だけでその壁を高く感じて学習する意欲を失い、数学を苦手科目ととらえるのはとてももったいないことです。

微分・積分を好きになると、まず数学の点数が伸びます。

大学入試に出題されることも多く、その配点も高い傾向にあります。センター試験に代わって2021年1月より始まった大学入学共通テストでも、微分・積分は出題されています。
平均点が低いときに微分・積分を解けていると、他の受験生に大きく上回る差をつけることができ、大学合格の可能性も一気に上がります。

得をするのは受験の分野においてのみではありません。
微分・積分の知識があると先のことを予想しやすくなり、計画性のある生活を送りやすくなります。
「ムリやムダのないようにどう動けばいいのか」がわかってくるのです。

微分・積分は、実はそれほど難しいものではありません。

長い式を書き、たくさんの計算をする必要があり、確かに作業量は多めですが、答えを導き出せたときの喜びは格別です。

それに、知らない言語のように感じる謎の記号も、意味を知ってしまえば、長い計算ロードの途中で迷子にならないための目印のように感じることでしょう。

この本では、皆が苦手と感じる「微分・積分」を、日常生活のシーンにあてはめてわかりやすく解説しています。
そもそも微分・積分は２つでセットにされることが多いですが、これらは似ているようで違う部分もあります。
たとえば掛け算と割り算は似ているけれど違いますよね。でも２つセットで語られることが多いです。微分・積分もそれと似たような関係なのです。

この本を読むと、今まで目をそらしてきた微分･積分のことを、少しおもしろく感じてもらえるようになるでしょう。

2　微分と積分の正体がわかれば怖くない？

微分・積分を、恐ろしい怪物のように感じる人がいます。
見慣れない大量の数式の塊だからです。もしかしたら、高校時代に数学の試験で苦しんだ記憶があるからかもしれません。
けれど微分・積分は、それほど恐ろしいものでしょうか。
これらは計算をしやすくするための考え方なので、恐ろしいどころか、**作業を楽にしてくれる存在**なのです。
だんだん解けるようになってくると、実に便利なツールだということがわかってきます。

微分・積分の正体は「細かく分けた計算」です。
細かく分けたそれぞれについて別々に計算するため、式も長くなりがちですが、ひとつひとつは小さな計算の積み重ねです。

それでは微分と積分の違いとはなんでしょうか。
まず微分とは、元の大きな塊を細かく分けることです。一方の積分は、細かく分けたものを元の大きな塊に戻していくことです。

そう言ってもピンと来ないかもしれませんので、もう少し詳しく説明します。
微分とは、物の変化を表す考え方です。「次の瞬間、物がどう変化しているか」を予測するものです。
たとえば家の外に出ると、道には車が走っています。車がいる場所は常に変化し続けています。
ある瞬間に、どの程度車が移動しているのかを予測することが、微分です。

対して積分は、物の積み重ねを求める考え方です。
先ほどの車の例で考えてみると、これは決して「車の実物を積み重ねる」というわけではありません。「車の移動距離を積み重ねる」というようなものです。

たとえば時速およそ30kmで車が走っているとします。この車の速度を１分刻みで測定してみます。
それぞれの速度は一定ではなく、少しずつ違うものです。
発進するときは少しずつスピードを上げていきますし、信号の前ではスピードを落として止まります。
平地を走っていても、時速29kmのときもあれば、時速33kmのときもあります。
速度が違えば当然、移動距離も違います。けれど１分ごとの移動距離を60分ぶん合計すれば、１時間の移動距離がわかります。

わけのわからない謎の呪文に見えていた数式が、過程を省略するための便利なアイテムなのだということがわかったとき、恐怖感は薄れ、微分・積分はあなたにとって親しみやすい友達のような存在になるはずです。

3　数式の前に「微分・積分」の世界を知ろう！

私は、国立大学の数学科で数学を研究しています。
子どもの頃から数学が好きだったこともあり、微分・積分には小学生の頃から触れていました。

初めて微分・積分の式の記号の意味を知ったとき、自分の数学力のステージがひとつ次のものに進んだかのような気持ちになりました。数のとらえ方が斬新だったからです。

それまでの私は、方程式や幾何学などを勉強していました。
ただ、それらは「公式に従って計算をする」というものでした。
もちろん微分・積分にも公式はあります。しかし、ただ計算するだけではありません。
それまで勉強していた数学は、動かないもの、変化しないものについて計算する静止画のようなものでした。止まっていたのでその姿をとらえやすく、計算もしやすかったのです。
しかし微分・積分は、物の動きや変化について計算するものなので、**静止画ではなく動画だった**のです。
動いていて、刻々とその姿を変えるものに対して計算していくので、たくさんの計算が必要になっていきます。

さらに微分と積分では、数字の変化のとらえかたが違います。
たとえばプールに水を入れるために水道の蛇口を勢いよくひねったら、水も勢いよく出てきます。そして蛇口を締めていくと、水の勢いは弱まっていきます。この様子をグラフで見てみましょう。

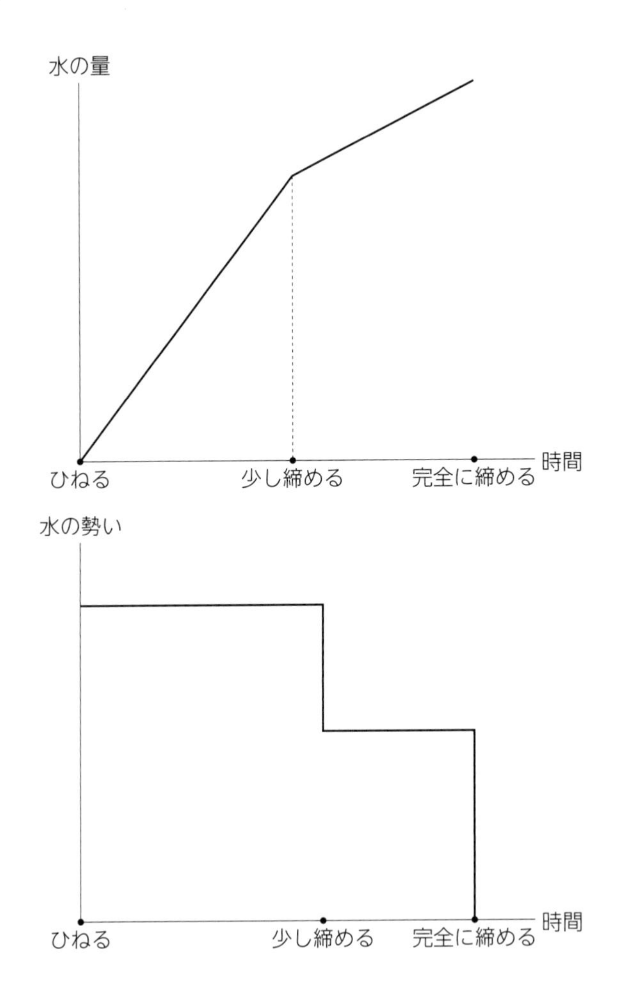

微分のグラフでは、物が変化する勢いの度合いを調べるために「蛇口をひねってからの水の量」を表しています。

すると、勢いよく出てきたときのグラフは急な上り坂のように見えます。
そして蛇口を少し締めたときは、坂の角度が緩やかになります。そうなると、水が溜（た）まる量は少なくなるので、プールの水が満ちるまでに時間がかかるようになるのです。

一方の積分のグラフでは「水の勢い」を表しています。1秒間にどのくらいの量の水が出ているかを見ているのです。

蛇口をひねったときは、最初の1秒目からすごい勢いで出ているので、グラフも高い位置から始まっています。
そして蛇口を少し締めると水の勢いは激減するので、グラフもガクリと落ちています。

積分のすごい点は、このグラフから「合計でどのくらいの水の量が出たのか」がわかることです。グラフの線の内側部分の面積を計算すれば、簡単に求められるのです。

微分では、溜まった水の量により水の出る勢いを調べていましたが、積分では水の出る勢いを記録することで溜まった水の量を調べていたのです。

このように、微分や積分は、その計算目的が具体的で、問題意識を持って取り組むものが多いのが特徴です。
とても計算のしがいがある分野なのです。

4　身近なものは微分と積分であふれている

先ほどの蛇口もそうですが、実は微分・積分は、日常の様々なことに使われています。
極端な話、変化しているあらゆるものに適用することができるのです。
「あらゆるもの」の例をあげると、自転車の速度の変化と走行距離、それから髪の毛の伸びる速さと、今まで伸びた長さなどです。
微分・積分によって、これら日常の様々な動きを分析できます。

また、うつろいゆく美しい日本の四季も、変化のひとつです。
人の心も変化していくものです。
それから「女心と秋の空」という言葉もありますよね。
なんとそうした**心の微妙な変化も、ある程度は微分・積分で表現できてしまうのです。**

なお「多くのことが微分・積分で表現できる」と言っても、
微分と積分は内容が似ているようで少し違います。
今の瞬間の状態を知ることが微分、これまでの積み重ねが積分なのです。

ここで「女心と秋の空」を微分・積分で表現してみましょう。
たとえば「他に好きな人ができたから別れたい」と、妻から離婚を切り出された夫婦の場合を考えてみます。
ここではまず、「別れの予測をする」という行動において微分を利用できます。

　最近妻の帰宅が遅い、家にいてもあまり会話をしようとしないなど、つれない態度が続いたとします。
これにより、その先には何か良くない展開が待っていそうなことが予測できます。
微分の場合「今、このよろしくなさそうな状況が続いたらどうなるか」ということをある程度計算できるのです。

　積分は「今までの積み重ね」なので、利用できる場面は「離婚の際の財産分与」です。
司法統計年報によると、離婚の際の財産分与は、婚姻期間が長いほど多くなる傾向があります。
一緒にいる期間が長いと、その分、一緒に築いた財産も増えるからです。これが積分の考え方です。

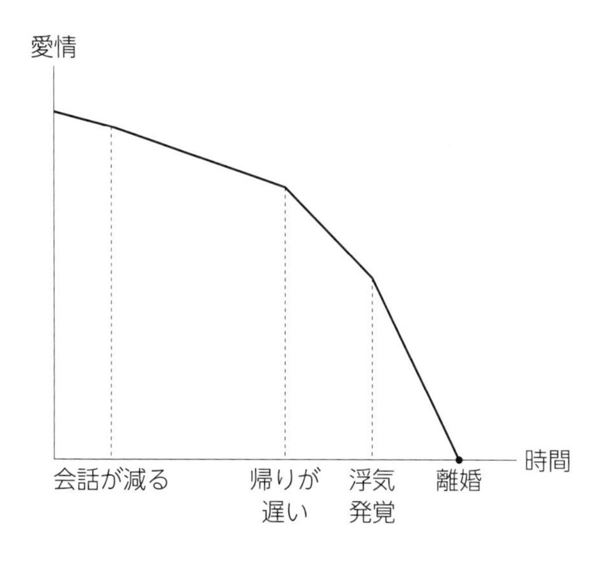

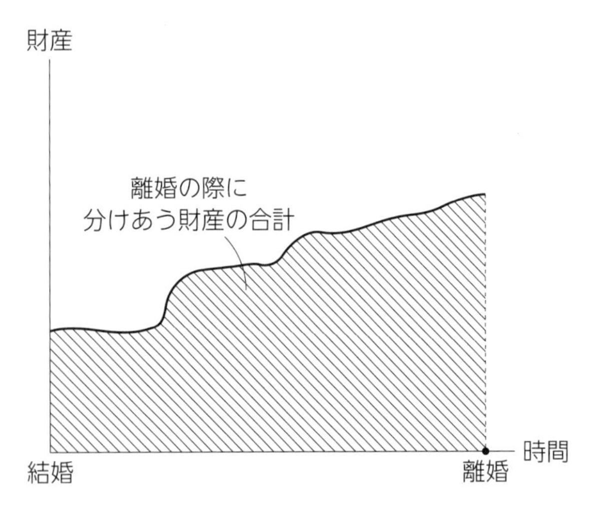

いろいろとある人生ドラマですが、微分・積分を使うと数学的にも分析することが可能です。

そう思うと、目に入るあらゆる物事は数学と通じているように感じ、世界に深みが増した気持ちになるものです。

この本では、少しでも微分･積分を身近に感じてもらえるよう、わかりやすい実例を40以上取り上げて解説してみました。

この本を読んで、皆さんが少しでも微分・積分をおもしろいと感じ、好きになってもらえたら幸いです。

コラム1　微分・積分を勉強したらどんなときに役に立つ？

　学生たちの中には、微分・積分が苦手な人も大勢います。「微分・積分なんて勉強しても、何の役にも立たないからいらない」とまで言う人もいます。
しかし、果たして本当にそうでしょうか。

　実は微分・積分を勉強すると、計算力がついていきます。つまり計算が速くなったり、順序立ててできるようになるのです。
微分・積分の問題を解くためには、一つの計算式だけでなく、複数の計算をこなさなくてはなりません。
解くためには、いくつもの計算手順を経る必要があるのです。

例えばこんな感じです。

＜微分の問題＞

$f(x)=x^2$ を微分せよ

解答

$$\frac{df}{dx}=\lim_{n\to 0}\frac{f(x+n)-f(x)}{(x+n)-x}$$

$$= \lim_{n \to 0} \frac{(x+n)^2 - x^2}{(x+n) - x}$$

$$= \lim_{n \to 0} \frac{2xn + n^2}{n}$$

$$= \lim_{n \to 0} (2x + n) = 2x$$

よって答えは $2x$

<積分の問題>

$f(x) = x^2$ を$0 \leqq x \leqq 1$の範囲で積分せよ

解答

$$\int_0^1 f(x)\,dx = \int_0^1 x^2 dx$$

$$= \left[\frac{x^3}{3} \right]_0^1$$

$$= \frac{1}{3} - 0 = \frac{1}{3}$$

よって答えは $\frac{1}{3}$

このように微分・積分の問題は、何度かの計算を経て答えを導きます。

　途中の式をひとつでも間違えると答えが変わってしまうので、慎重に計算しなくてはなりません。
結果として丁寧に計算する癖がつくのです。
　「微分・積分が役に立たない」ということはありません。
複雑な計算を筋道を立てて考えるものなので、
日常生活で何かを考えるときにその考えかたが知らず知らずのうちに応用されていることもあります。
こうした学問に触れると少し賢く考えられるようになっていく、とも言えるでしょう。

第 2 章

日常生活編

5 「台風」は気圧や風速の積分

> 微分・積分は何気ない日常生活の中でも、意外なところに潜んでいるものです。
> たとえ数字を使っていなくとも、その考え方は様々なところで応用され、役に立っているのです。

台風が、グラルくん*1の住む町に近づいています。

天気予報によると、真っすぐグラルくんの町に向かっているようです。

お母さんは慌てて雨戸を閉めたり、ベランダの植木鉢を中に入れたりして、台風に備えています。

台風の進路はなぜわかるのでしょうか。

それは、周辺の気圧や風速、温度を計算することにより、向かう方向を予測しているからです。

そして同時に、台風の大きさがどのように変わっていくのかも計算しています。

気象条件の変化によって、台風の現在地は少しずつ移動していきます。

つまり、位置している緯度と経度に変化が起きます。

この移り変わりは過去のデータの積み重ね、つまり積分で考えることができます。

今までの変化の積み重ねによって現在の台風の形があり、移動するごとに気圧や風速、温度を細かく計算し直すことで今後の進路

＊1　第２章からは、グラルくん（国立大学の数学科で学ぶ男子学生）とアイちゃん（いとこの女子中学生）の２人を中心に話を進めます。

が見えてきます。

しかし、台風予報は往々にして外れることもあります。
これは、予報の材料である気圧や風速、温度の変化が完全には予測できないことや、
過去のデータの計算を十分に行えていないことが原因です。
これらは予報に必要な計算の量が膨大で処理しきれないことから生じます。

台風の進路だけでなく大きさについても、予測はしばしば外れます。「今後巨大化するであろう」と言われた台風が、上陸した途端に勢力が落ち、温帯低気圧に変化してしまうこともよくあります。
けれど警報が出ているときは慎重に行動し、備える必要があるでしょう。

このような「物体の動きを細かく計算し、その積み重なったデータによって今後の動きを予測する」という考え方は、台風に限らず、他の動くものにも当てはめることができます。
たとえば人工衛星や渡り鳥、大きいものだと大陸や、惑星の動きも計算することができるのです。

さらに月の満ち欠けにも、積分は使われています。
新月では見えなかった月が、日を追うごとに形を大きくしていくことを予測するのにも、過去の観測データが活用されているのです。

しかし、月はおよそ28日周期で同じ変化をくり返しますが、台風はそうではありません。
周期性はなく、形の変化は月に比べて複雑で予測はたいへん困難です。
月は変わらず地球のそばにいますが、台風はいつか消滅してしまいます。さらにひとつひとつ動きが違うため、それぞれの台風ごとに計算が必要で、過去の台風の動きをそのまま当てはめるわけにはいきません。
膨大な計算が必要なのは、このためです。

式

台風の進む方向を$x(t)$, $y(t)$と表す（tは時間、xは経度、yは緯度）。
tがaからbまでの範囲とすると
求めたい台風の位置は$\int_a^b y(t)\,dt$, $\int_a^b x(t)\,dt$と書ける。
台風が南にそれていたとき（$y(t)$が予想よりも低かったとき）
$\int_a^b y(t)\,dt$ も小さくなるので
台風の緯度も予報より低くなる。
東にそれている場合（$x(t)$が予想よりも低かったとき）
$\int_a^b x(t)\,dt$ も小さくなるので
台風の経度も予報より低くなる。

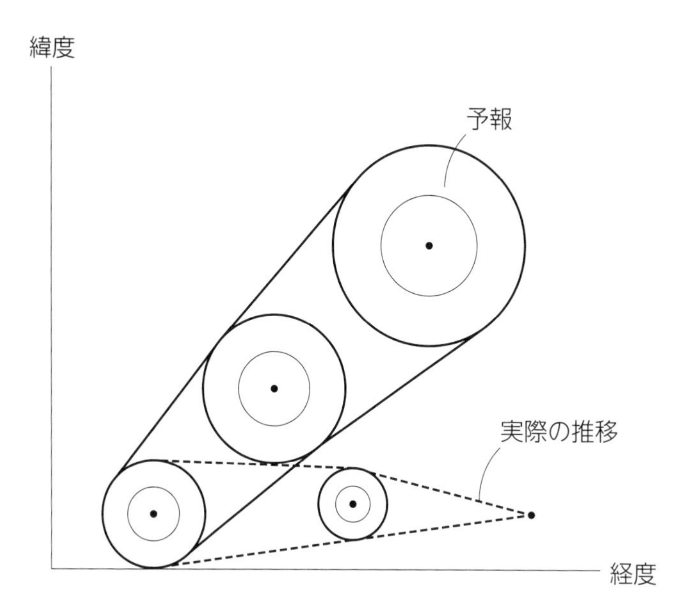
緯度
予報
実際の推移
経度

6 「渋滞予測」は微分でできる

天気のいい日曜日、グラルくんはお父さんが運転する車に乗り込み、家族で海を目指すことにしました。
お母さんが作ったお弁当を海辺で食べるのを楽しみにしていたのですが、途中の高速道路で渋滞が発生し、海に着いた頃には夕方になってしまいました。

私たちは、遠くの場所まで移動する時に自動車を使うことが多いです。
自動車は徒歩や自転車と比べるととても速く、電車が通っていないような場所でも道路さえあれば向かえる、とても便利な移動手段です。

しかし、高速道路を自動車で移動する際には渋滞が発生する可能性を考えなくてはなりません。
渋滞とは、交通事故などの様々な要因によって道路が大量の自動車で詰まってしまう現象です。
渋滞に巻き込まれてしまうと、自動車の速度が著しく落ちてしまい、大幅な時間のロスや予定の狂いにつながるおそれもあります。

そもそも、渋滞とはどのようにして発生するのでしょうか？
渋滞は交通事故などの事情で道路が狭くなって起こることもありますが、何も起こっていないにもかかわらず渋滞が発生してしまうことも珍しくありません。

　渋滞の原因を考える際には、自動車同士の距離と速度の関係が重要になります。
そしてこの関係を計算する際に、微分が登場します。

　まず、道路を走っている自動車が何らかの理由でブレーキをかけたとします。
この時、すぐ後ろを走っている自動車はどのような反応を見せるのでしょうか。
当然、前の自動車が近づいてくるので距離を取るため同じようにブレーキをかけるでしょう。
　しかし、ここである問題が発生します。
自動車同士の距離が近すぎると運転手の反応が遅れ、前の自動車よりも強くブレーキをかけてしまうのです。
するとその後ろの自動車はさらに強くブレーキをかけ、それが何台も続くとやがてほとんど進めなくなる自動車も出てきます。
これが渋滞が起こる原理です。一度の何気ないブレーキが、何百台もの渋滞を引き起こすかもしれないのです。

　では、渋滞を避けるためにはどうすればよいのでしょうか。
先ほど述べたように、渋滞は車間距離が短くなるほど起こりやすくなります。
交通量が多い日曜日や連休の最終日は渋滞に巻き込まれる可能性が高いので、これらの時間帯を避けて移動することが対策になります。
　幸い、現在は高速道路の渋滞を予測してくれるサイトも数多く存在します。

快適なドライブを過ごすためにも、当日の渋滞への注意を欠かさないようにしましょう。

渋滞のため、お母さんが作ったお弁当も車の中で食べることになってしまったグラルくんですが、車の中で両親とたくさんの話もできて、これはこれで楽しく有意義だった、と思っています。

式

車同士の距離をx
車の速度をv
車の速度の変化を$\dfrac{dv}{dt}$とする。
速度に対して距離が空いていれば、追いつくために加速する（$\dfrac{dv}{dt}>0$）。
距離が詰まりすぎていると感じれば、間隔をあけるためにブレーキをかける
（$\dfrac{dv}{dt}<0$）

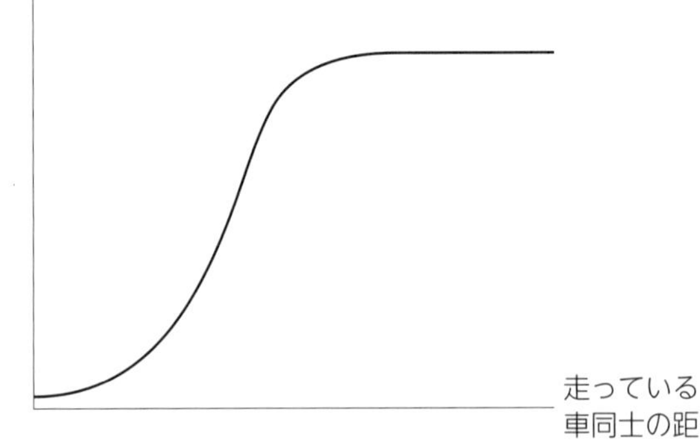

7　「電車の走行距離」は積分

グラルくんは電車に乗って大学に向かっています。
最初のうちは、電車は普段通り順調に動いていました。
しかし、途中で地震が発生し急ブレーキがかかりました。
その後、しばらく安全確認のために電車は停車し、徐行運転で次の駅まで進みました。

電車の進む距離は「速さ×時間」で求められます。
しかし、電車の速さは常に一定ではありません。
発車したら徐々にスピードを上げ、ある程度の速さになったらそれをキープします。

これをグラフに描くと、高速で走っている時は高い位置で一定のラインになっています。
電車の走行に支障がなければ、この横線が長く続きます。
しかし地震などのアクシデントが起きた場合、電車は突然ブレーキがかかり、急停止します。
そうなったときグラフは急降下して、ゼロになってしまうのです。

ここまでの経緯をグラフで見ると、山のような形になっています。グラフの縦軸は速度、横軸は時間です。
では、電車が進んだ距離はどうやってわかるのでしょうか。
それは、電車が走行している間にできた山の形の面積の合計で、求めることができます。

「これまで進んできた距離を積み重ねて、発車してからの走行距離を求める」という行為は、積分で考えることができます。
積分とは、その漢字の通り「分けて積む」ということが基本なのです。
特にこのグラフのような曲線的な図形は、三角形のように明確な公式がありません。
そこで積分の出番となるわけです。

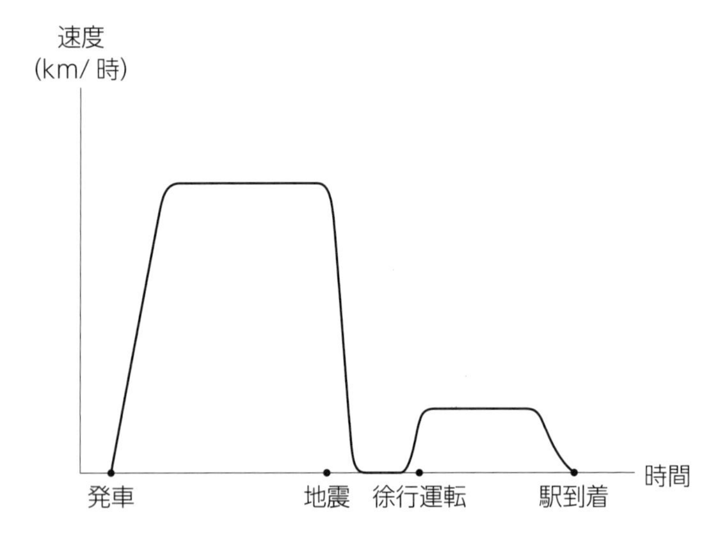

グラルくんが乗った電車は地震で一度止まったため、大きな山と、その後に小さな山ができました。
この２つの山の面積の合計が、すなわち駅間の距離だということになります。

この積分の考え方と「電車の移動距離＝速さ×時間」という式を組み合わせると「どのくらいの時速で何分走ったか」が分かり、電車の正確な移動距離を求められるのです。

この考え方は、電車だけでなく、自転車からロケットまでさまざまな乗り物に応用できます。
この速さの時間の問題は、大学などの入試問題でもさまざまな形式で出題されます。
ただここで**大切なのは、「入試問題によく出てくるから必要」なのではなくて、「実生活で必要なグラフだからこそ入試にも使われている」ということでしょう。**

では、なぜこのようなグラフを作る必要があるのでしょう。
答えは簡単です。予定よりも 10m 多く電車が走ってしまった場合、それはオーバーランとなり、乗客の乗車や降車ができなくなるからです。
一歩間違えれば事故の危険さえあります。
それを防ぐために、正確な走行距離を把握する必要があるのです。

定められた速度と時間でミスなく駅に到着するため、運転士は訓練を重ね、加速と減速のタイミングを把握しています。
私たちが日頃、安全に電車に乗ることができる陰には、実は積分の存在があったのです。

式

電車の速さを$f(t)$と表す（tは時間）。
aを発車時刻、bを停車時刻とすると、
求めたい部分の面積は$\int_a^b f(t)\,dt$と書ける。
途中で急停車したとき、その時間をcとすると
停車までに進んだ距離は$\int_a^c f(t)\,dt$
再び発車してから進んだ距離は$\int_c^b f(t)\,dt$
駅間の距離は$\int_a^c f(t)\,dt+\int_c^b f(t)\,dt$となる。

8　「プリンター」は積分の考えで作られた？

グラルくんは、大学のレポートを教授に提出することになりました。手書きで作成したレポートをPDFファイルに変換して送らなくてはいけません。
そのため､自宅のプリンターからスキャンをすることにしました。グラルくんのコピー機は多機能で、プリント以外にコピーやスキャンもできるのです。

スキャナーやコピー機では、なぜ書類をそっくりにうつし取ることができるのでしょうか。
それは文字や画像を読み取り、データとして保存する機能が備わっているからです。
では、どのようにして文字や画像を読み取っているのでしょう。

まずデータを読み取るために、書類全体にレーザー光を当てます。そして、反射されたレーザー光の様子を読み取ることでスキャンが行われます。文字が書かれているところはそれが光の反射を邪魔するため、反射されるレーザー光は弱くなります。弱くなった場所にインクを塗ることで、書類をそっくりに読み取ることができるのです。

また、プリンターやコピー機の読み取り装置は、棒のような形をしています。そのため、一度の読み取りでは縦長（棒状）のデータしか得られません。
そこで読み取り装置を動かしていき、全体のデータを少しずつ読

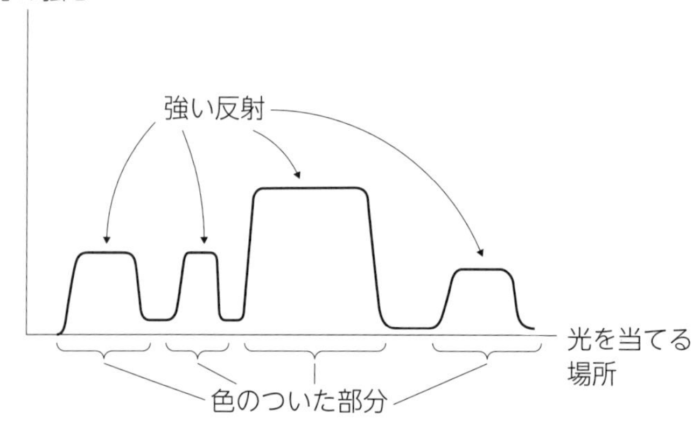

み取ります。
読み取った縦長の形状のデータがたくさんつながり、ひとつの画像として完成するのです。

このように情報を組み合わせる考え方も、積分と言えるでしょう。
縦長の画像のうち、色のついた部分の割合を把握し、何色のインクをどのくらい使えばいいのかを計算しているのです。たとえば、赤が何%、青が何%などと面積に応じて、スキャンもしくはプリントしていきます。

白黒コピーを例に考えてみましょう。
42ページに、色の濃度を縦軸、コピーする紙の幅を横軸にしたグラフがあります。

真っ白な紙をコピーした場合、インクを使っていないのでその場合グラフは0%のままです。
しかし真っ黒な紙をコピーした場合、すべての紙面において黒いインクを濃く使います。つまりグラフは、100%に近いところにあり続けます。

スキャンしたときに文字が薄く少し読みにくかったため、グラルくんは色をもっと濃くする設定に変えました。
濃くするためにはより多くのインクが必要になるため、インクの使用量が増えます。
そうすると積分のグラフでも、色が濃い書類のほうが、薄い書類よりも、それぞれの部分でインク使用量が上回るのです。

色が濃くなったことで、グラルくんのレポートもしっかり文字が見えるようになりました。

式

黒色の濃さを$f(x, y)$と表す（xは横幅　yは奥行き）。
xの範囲をaとbの間、
yの範囲をcとdの間とすると、
印刷に必要な黒インクの量は$\int_c^d \int_a^b f(x, y)\,dx\,dy$と書ける。
色を濃くしたとき（$f(x, y)$を大きくしたとき）、消費する黒インクの量も増える（$\int_c^d \int_a^b f(x, y)\,dx\,dy$ が大きくなる）。

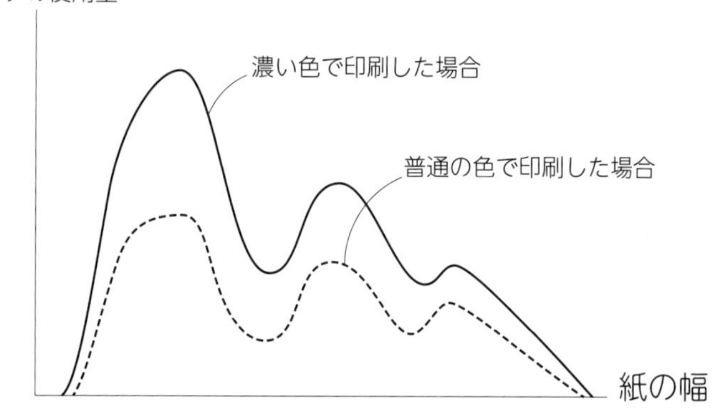
インクの使用量
濃い色で印刷した場合
普通の色で印刷した場合
紙の幅

9 「化粧（メイク）」と美人度は微分・積分で説明がつく

グラルくんがいとこのアイちゃんに、化粧と微分・積分の関係について説明しています。

「僕は化粧をしたことがない。だけど、**化粧を微分・積分で説明することはできる。**そもそも、人は綺麗（きれい）になるために化粧をしているよね。つまりそれは、今の『自分の美人度』という数値を上げるために頑張っている、ということになるんだ」。

では、この「美人度」を数値化してみましょう。

美人度は人によって尺度がかなり違うので、
今回はあくまで個人の感覚、つまり化粧している本人が自分の顔を鏡で見て美しさを感じる度合いとしましょう。

美人度を測るためにまず、化粧をしていない状態を０（ゼロ）とします。
それより綺麗になったらプラスで、肌の調子が今ひとつだったりして自信が持てないときはマイナスになります。
いかにしてこの数値を高く上げていくかが、化粧の腕の見せどころなのです。

ひとくちに化粧といっても、様々な化粧法があります。

たとえば、目尻にできた小ジワを気にしているとしましょう。
この場合、それを隠したくて、その部分を重点的に塗ったりするのではないかと思います。

小ジワを一本一本丁寧に消していったら、消すたびに美人度は少しずつ上がっていくはずです。
気になる部分はつまりマイナスな部分なので、それを解消していけば美人度は上がっていくのです。

ただ、塗れば塗るほど綺麗になるというわけではありません。
厚化粧で変になったり、口紅がはみ出したりすることもあるでしょう。
やり方によっては、美人度を下げる場合もあるのです。この下がり具合も、計算で求めることができます。

化粧によって少しずつ美人度を調整したうえで、「最後にどれだけ美しくなったか」は、積分で計算できます。
それは「細かい手入れを積み重ねることで見た目にどのくらい変化が起きたのか」ということを、美人度を縦軸に、時間を横軸としてグラフで表せるからです。
また、グラフを見ると「自分の顔の一番綺麗な状態がどこなのか」を知ることもできます。
グラフの頂点の部分が、最も美しい状態だということです。
また、今までの変化を積み重ねてグラフにしているのが積分なので、積分は「今までの化粧の歴史」とも言えるでしょう。
賢い人は頭の中で積分のグラフを作り、いかに美しさを上げるか研究しているかもしれませんね。

対して微分は、毎日のメイクチェックのようなものです。
「そのとき化粧をすることで、美人度がどう変化したか」というその時点での瞬間的変化を計算するものです。

ふだん化粧をする人は、日々メイクチェックを積み重ねながら微調整をくり返し、次第に美しくなっていくと思います。そのため、この現象は微分と積分で説明できるのです。

式

美人度は$f(x)$

化粧の効き目を$\dfrac{df}{dx}$とする（xは化粧の厚さ）。

$x=0$のときがいわゆるすっぴんである。

$\dfrac{df}{dx}>0$ のときは化粧するほど綺麗になり、

$\dfrac{df}{dx}<0$ のときは化粧するほど醜くなる。

xがあまりに大きいと$f(x)<f(0)$となる。ここで表現されるのが、いわゆる厚化粧である。

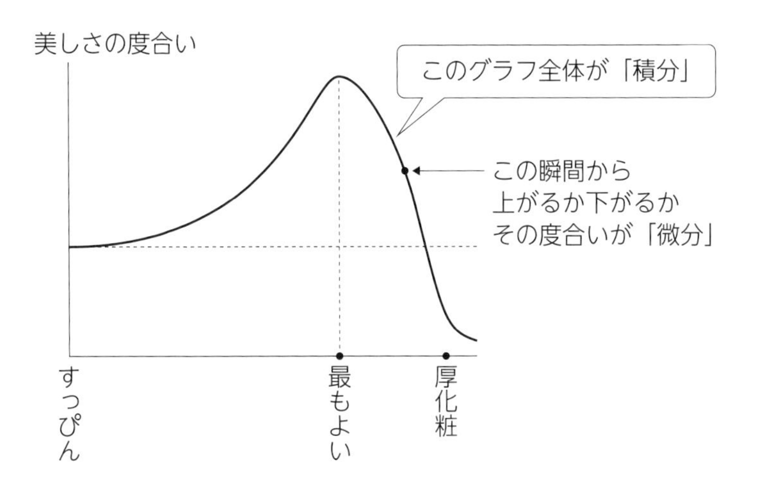

10「虫歯の進み方」は積分でわかる

今日のアイちゃんは「歯が痛む」と言って頬を押さえています。
甘いものが大好きなアイちゃんは、おやつの時間以外にも、お菓子やジュースを食べ続けていました。
なんと学校にいる間も、授業の休み時間にアメやチョコを口にしていたと言います。
もしかすると虫歯になってしまったのかもしれません。

歯磨きをしっかりとせずに食べ続けていると、歯にはどんどん汚れがたまっていきます。
汚れがたまると口内で雑菌が繁殖し、虫歯菌が増えてしまうと言われています。
もちろん歯磨きをするたびに汚れは取り除かれますし、唾液によって歯は多少は修復されると言われています。
しかし、あまりにも汚れが多いと歯の修復が追いつかず、やがて虫歯に変化する可能性があるのです。

つまり、食事の汚れが歯に何度も積み重なり、その結果として虫歯が発生するリスクが高まってしまうのではないでしょうか。
この「積み重なる」という考えは積分のものです。
横軸を時間、縦軸を歯についた汚れの量として１日のグラフを作ると、食生活の乱れによって歯の汚れが積み重なっていく様子をわかりやすく可視化することができます。
グラフの面積が大きいほどたくさんの汚れが溜まっており、虫歯の危険が大きいと考えられます。

　このように虫歯の原因がわかると、虫歯にならないように対策することもできるのではないでしょうか。
歯磨きを忘れると歯に汚れがたまり、虫歯だけでなく歯周病や歯石のリスクまでも出てきかねません。
間食せずにだらだらと食べ続けていると、口内は汚れ続けることになってしまいます。
規則正しい食生活をして、間食を控えれば、口の中を清潔に保つための十分な時間が得られるはずです。

　グラルくんはアイちゃんに、今後虫歯にならないためにできるだけこまめに歯を磨くことと、決まった時間に食事をすることを提案しました。
アイちゃんはその場では「わかった」と言いましたが、「おやつの誘惑に負けてしまわないといいけれど」とグラルくんはひそかに心配しています。

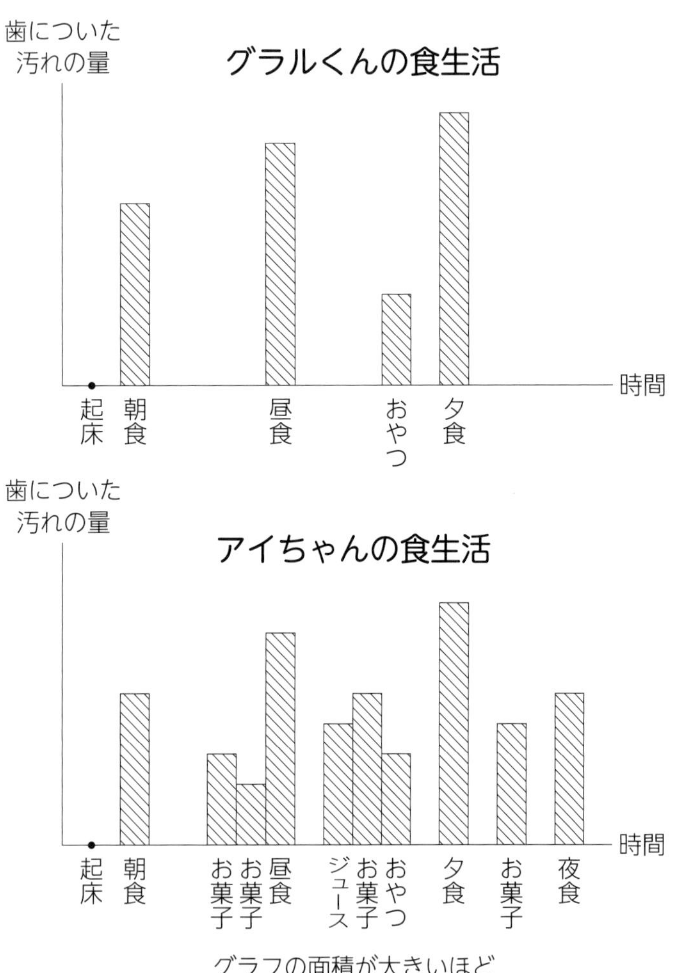

グラフの面積が大きいほど
汚れがたまりやすい（虫歯になりやすい）

式

時間tの時に２人の歯に汚れの溜まっていく速さを
$f_1(t)$（食生活の整った人)、
$f_2(t)$（食生活の乱れた人）と表す。
tの１日がa（起床）からb（就寝）までの範囲とすると
２人が１日の間に溜める歯の汚れの量は $\int_a^b f_1(x)\,dx$ 、
$\int_a^b f_2(x)\,dx$と書ける。
一度の食事で溜まる汚れはどちらも同じくらいだが、食生活の乱れた人は食事の回数、おやつを取る回数が多いためより多くの汚れが溜まる（$\int_a^b f_1(x)\,dx < \int_a^b f_2(x)\,dx$と表す)。よって虫歯になりやすい。

11 「筋トレ」でいつ理想の身体になるのか微分でわかる

強くなりたいときや健康になりたいとき、筋トレを始める人がいます。すると少しずつ、筋肉がついていきます。

たとえば腹筋運動をすると、主にお腹に負荷がかかり、鍛えられます。

根気強く続ければ、腹筋が引き締まって割れ始め、
さらに頑張るとシックスパックという、くっきりと6つにわかれた美しいラインが現れます。

筋トレは、時間がかかるものです。やってすぐに効果が出るわけではありません。

本当に筋肉がついていくのは、始めてからおよそ3ヶ月後と言われています。
負荷がかかった筋肉は、それだけ疲労から回復しようとする力が強くなります。筋トレをすると、その負荷に応じて筋肉が成長するのです。
しかし、あまりに強いトレーニングではすぐには回復できないくらいのダメージがかかってしまうので、注意が必要です。
また､あまりに長く休ませると体が「この筋肉は使わないんだな」とみなし、筋力は衰えていってしまいます。

ここで、メタボなお腹をなんとかしたいAさんの筋肉で解説します。

Aさんは、長いこと運動をせず好きなお菓子などを食べ、自堕

落な生活を送っていたため、お腹に贅肉がたっぷりついてしまいました。
そのため、次々と洋服がきつくなり、着られる服が減っていきました。

　そこで一念発起し、筋トレによるダイエットを目論みました。
そして腹筋を毎日朝晩続けたのです。
　するとどうでしょう。少しずつお腹の肉が引き締まり、目に見えて腹筋の存在が感じられるようになったのです。

　すっかり筋トレにハマったＡさんはスポーツジムに入会し、筋トレに熱心に励むようになりました。
そしてついにボディビルのシニア大会に出場するまでになったのです。
　しかし、残念ながら入賞を逃してしまいました。
とたんに筋トレに飽きたＡさんは、トレーニングをサボるようになり、筋肉が落ちていってしまったのです。

　Ａさんの筋力がどのように変化したかは筋力を縦軸に、経過時間を横軸にした微分のグラフで説明することができます。
　筋トレをした期間が長くなればなるほど、筋力は増えます。
そして最大値に達すると、それ以上増えないため、グラフは横ばいになります。
そして筋トレをサボると、筋力は落ちていくというわけです。

式

筋トレを始めてからの時間をt、現在の筋力を$f(t)$とすると
現在の筋力の伸びは$\frac{df}{dx}$という関数で表せる。
たとえば、筋トレ中の筋肉は疲労で筋力が落ちているので

$\frac{df}{dx}$ はマイナス（$\frac{df}{dx}<0$）

筋トレ後の筋肉は回復により筋力が伸びているので

$\frac{df}{dx}$ はプラス（$\frac{df}{dx}>0$）

筋トレをサボった筋肉は筋力の維持をやめて衰えていくので

$\frac{df}{dx}$ はマイナスになる（$\frac{df}{dx}<0$）。

一方で、筋トレ直後を除けばどれだけサボっていても筋トレを始める前より落ちることはない（$f(x)>f(0)$）。

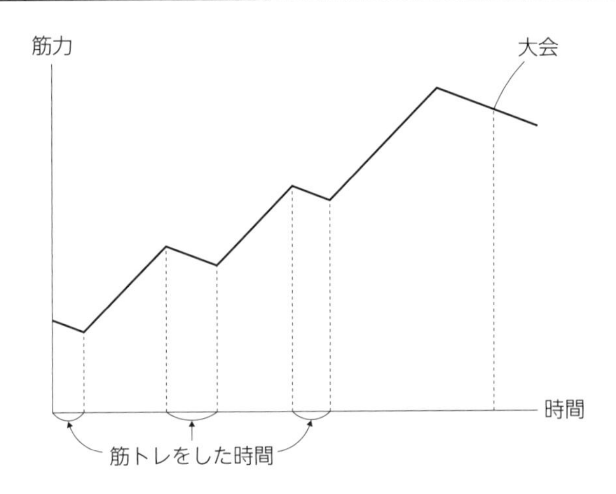

12「ストレスの値」は積分でわかる

ある日、グラルくんが帰宅すると、お母さんがとてもイライラしていました。
理由を聞くと、PTA で面倒な役員を押しつけられてしまったというのです。
「私にはとてもできない」などと言って不機嫌そうで、「今日の夕食は作りたくない」と部屋にこもってしまいました。

そこにお父さんが酔っ払って帰宅してきました。
お母さんの怒りは頂点に達し「深酒しないでと言ったじゃないの！」とお父さんに矛先が向いてしまいました。
グラルくんにも火の粉が飛んできそうな気配がしたため、さりげなく自分の部屋に逃げ込んだのでした。

なぜお母さんは怒ってしまったのでしょうか。
その原因は、お母さんが抱えているストレスにあります。

ストレスの量は、日々の出来事によって少しずつ変動します。
お母さんを例にあげると、機嫌が悪くなる要因はいくつかあります。
たとえばお父さんの帰りが遅い時や、よく使う洗剤が値上がりした時には少しムッとした状態になります。
そしてお父さんの給料やグラルくんの成績が下がるとかなりムッとします。

こうしたイライラが積み重なるとやがて爆発して、周りに当たり散らしてしまうことがあります。

お母さんが爆発すると、お父さんやグラルくんは機嫌が直るまで気を使いながら生きていかなくてはなりません。
そろそろ大丈夫かな、と思ったらそっと話しかけるなどして、様子を探りに出るでしょう。

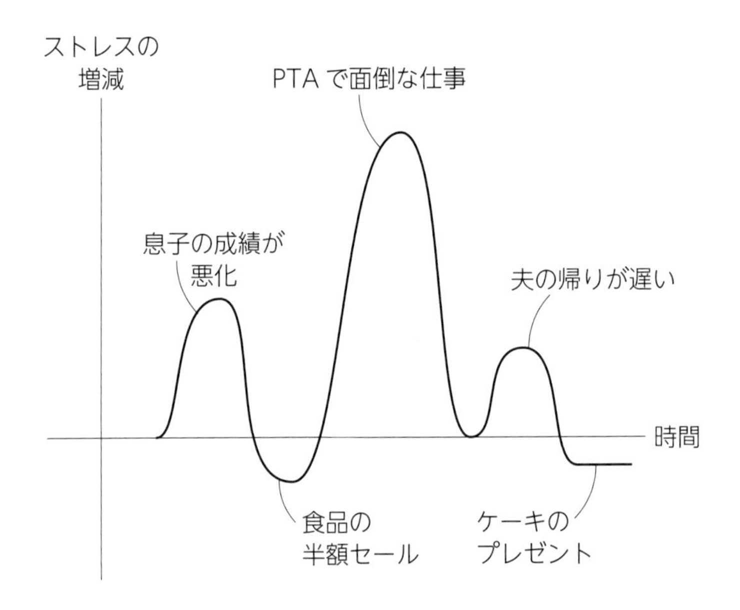

こうしたお母さんの機嫌は、それまでの大小様々なストレスの積み重ねの合計、すなわち積分として考えることができます。

積分で考えられる理由は、ストレスに「積み重なるといつか爆発する」という性質があるからです。
横軸を時間、縦軸をストレス量の変化の度合いとしたグラフを考えてみましょう。
　たとえば、お母さんにとって嫌なことがあったときにはイライラが増えるので、グラフはプラスの値を取ります。
気分がよくなるような出来事があったらイライラは減るので、マイナスの値を取るでしょう。

　この時、現在溜まっているストレスの量は、「プラスである部分のグラフの面積とマイナスの部分の面積の差」として考えられます。
長い期間多くのストレスを抱え続けるとストレスが溜まり、お母さんの許容量を超えると感情が爆発してしまう、というわけです。
　グラフによると、ストレスがいちばん増えているのは「PTAで面倒な仕事」の部分です。
しかし実際に爆発したのは、夫（グラルくんのお父さん）の帰りが遅かった時でした。
それは、今まで蓄積されたストレスの量が限界を超えたからです。
途中に食品の半額セールがあり、ストレスの量は少しだけ減りましたが、それだけでは補いきれませんでした。
　ストレスを無理に溜めすぎず、うまく発散できる場所を作れば、ストレスは減少します。

　お母さんが爆発した翌日、お父さんはお母さんが大好きなケーキを買って帰宅しました。

お母さんは顔を輝かせて喜びました。
この瞬間お母さんのストレスの数値は明らかに下がり、グラルくんの家は平和を取り戻したのでした。

式

時間tの時のストレスの増加の勢いを$f_1(t)$、減っていくストレスの減少の度合いを$f_2(t)$と表す。
仮に、tがa（1ヶ月前）からb（現在）までの範囲とすると、お母さんが1ヶ月の間に溜まるストレスの量、減少するストレスの量は $\int_a^b f_1(x)\,dx$、$\int_a^b f_2(x)\,dx$と書ける。
このとき、1ヶ月の間に溜まったストレスの量は$\int_a^b f_1(x)\,dx - \int_a^b f_2(x)\,dx$と表せる。
これが大きくなりすぎると感情が爆発してしまう。
ストレスが増える原因を減らすと$f_1(x)$は小さくなり$\int_a^b f_1(x)\,dx$も小さくなる。
つまり$\int_a^b f_1(x)\,dx - \int_a^b f_2(x)\,dx$も小さくなる。

13 「ウェブ検索」は微分の考えに基づいている

アイちゃんは、高校入試で良い点を取れる勉強方法を探しています。
インターネットで「高校入試英語　勉強法」と入力して検索したら、なんと1550万件もヒットしてしまいました。

インターネット検索には「適合率」というものがあります。
「適合率」とは、ある言葉で検索した際に出てくる検索結果のうち、必要な情報が含まれている割合のことを言います。
しかし、すべてがアイちゃんの求めている情報というわけではありません。
では、適合率が高いことがすなわち、その検索サイトが便利であると言えるでしょうか。

答えはノーです。
たとえば検索結果が１個しか出て来なかった場合、その結果が適合していたら、適合率は100％です。
けれど、アイちゃんが必要としている情報を網羅しているとは言えないかもしれません。
適合率が高くても情報量が少なければ、便利とは言えないのです。

もうひとつ「再現率」というものがあります。
これは「必要としている情報のうち、どれだけの割合が表示されているか」を示す数値です。

この再現率が高ければ高いほど、必要な情報が網羅されていると言えるでしょう。
つまり、適合率と再現率の両方がより高いほうが望ましいのです。

1550万件もヒットした中には、英語学校や、英語学習本などの広告がありました。
それらの後に、欲しかった情報が出てきました。検索エンジンが広告収入で運営されているのだとしたら、これは致しかたありません。
何はともあれ、アイちゃんは役に立つ情報を手に入れることができました。

検索エンジンでは**「どれだけの検索結果を表示すれば良い検索サイトになるか」を判断することに、微分が使われています。**
たとえば検索結果を減らすと、適合率は上がるかもしれませんが、再現率が下がるリスクもあります。
逆に検索結果を増やすと、今度は適合率が下がるリスクがありますが、再現率は上がるかもしれないのです。
つまり検索した人に最もフィットする結果となるよう、膨大な計算が素早くなされ、検索結果が表示されているのです。

アイちゃんが検索したときのヒット数は膨大でしたが、欲しい情報を得ることができたので、アイちゃんの使用した検索サイトは信頼できると言えます。

式

適合率·再現率のバランスを$f(x)$とする（xは検索のヒット数）。
バランスの変化を$\frac{df}{dx}$とする。
最適な値からxを増やすと$\frac{df}{dx}$がマイナス（$\frac{df}{dx} < 0$）となり
xを減らすと$\frac{df}{dx}$はプラス（$\frac{df}{dx} > 0$）になる。
適合率が大きいほど、ベストな検索結果は少なくなる。
再現率が大きいほど、ベストな検索結果は多くなる。

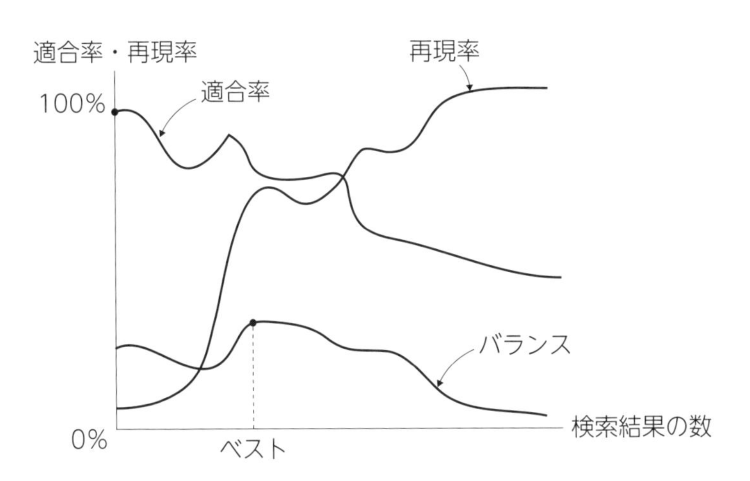

14 数年後の「貯金額」は微分でわかる

お正月に、グラルくんとアイちゃんはお年玉をもらいました。
アイちゃんは福袋を買い、すぐに使ってしまいました。
けれど、グラルくんは貯金しました。グラルくんは毎年お年玉を使わず、貯金しています。

アイちゃんの浪費癖は、お年玉に限ったことではありません。お小遣いをもらうたびに、洋服やお菓子に使ってしまうのです。一方のグラルくんは、週に一度友達と食べにいくラーメン代程度しか使っていません。２人の貯金額の差は開くいっぽうです。

グラルくんは、なぜお金を貯めているのでしょう。何か目的があるのでしょうか。

実は、グラルくんはいつかラーメン店の経営になり、毎日タダでラーメンを食べることを夢見ています。

そしてある日、アイちゃんにも「アイドルになりたい」という夢ができました。
芸能事務所でレッスンを受けるにはお金がかかります。そのために、お金を貯めなくてはなりません。

アイちゃんは、効率の良いお金の貯め方をグラルくんに聞いてみました。

グラルくんは「お金を貯めるのは簡単だよ。お金を使わなければいいんだ」と答えました。
確かにそうです。けれど、それでは何年もかかってしまいそうです。

するとグラルくんは「早くお金を貯めたいのなら、お金を増やすことだよ」と言いました。
利息が高いところに貯金したりアルバイトをしたりすれば、貯金額の増加スピードが速まります。
けれど現在、貯金の利息はあまり高くないのですぐに増えそうにはありません。
そこでアイちゃんは、おうちで皿洗いを手伝うことで、お小遣いの額を増やしてもらうことにしました。

貯金額は時間によって変化していくものなので、微分で表せます。
でもどのように増えていくかは、その人の貯金額や支出額によって、違ってきます。
節約上手な人は貯金が増えますし、衝動買いしやすい人は、貯金が思うように増えません。

目標額に達するまでどのくらいかかるかは、貯金額の増えかたによって決まります。
この増えかたをきちんと数字で表すために、微分を使います。
貯金にかかった時間を横軸、貯金額を縦軸としたグラフを考えましょう。

この時月々の貯金額が増えればグラフの上昇角度は高くなりますし、月々の貯金額が減ればグラフの上昇角度は低くなります。
さらに、臨時の出費があり貯蓄を切り崩すときは、グラフは減った額の分だけ直線的に降下します。

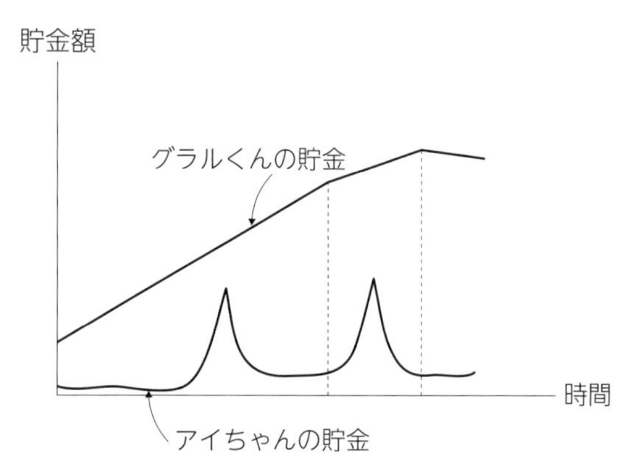

　目標額を達成したら、アイちゃんのように使い道が決まっている場合貯金を崩すので、グラフは一気にゼロになります。
何に使うか決まっていない、たとえば老後の資金についてはそのまま増え続け、退職したら少しずつ減っていくことになるでしょう。

式

貯金にかかった時間をt、貯金額を$f(t)$とすると
貯金額の増え方は$\frac{df}{dt}$と書ける。

浪費が激しいほど$\frac{df}{dt}$はマイナスの値になり$\left(\frac{df}{dt} < 0\right)$、

節約するほど$\frac{df}{dt}$はプラスの値になる（$\frac{df}{dt} > 0$）。

アイちゃんが浪費額を減らすと$\frac{df}{dt}$は増えていくので、その分貯金も増えやすくなる。

15「賞味期限」は微分でわかる

グラルくんのお父さんは、賞味期限を過ぎたものでも「もったいない」と言ってパクパク食べてしまいます。

健康な胃腸が自慢のお父さんは、ある日、冷蔵庫に置かれていた期限切れの明太子(めんたいこ)おにぎりを見つけました。
明太子の色が少し薄くなっていましたが「大丈夫だろう」と食べたところ、お腹を壊してしまったのです。
よく見ると、おにぎりの包装には賞味期限ではなく「消費期限」の日付がプリントされていました。

食品の品質管理の基準には、大きく分けて「消費期限」と「賞味期限」の２つがあります。
賞味期限は「食品が美味しく食べられる期限」であるのに対し、消費期限は「食品が安全に食べられる期限」を指しています。
お父さんはこの２つを間違えてしまい、消費期限の過ぎた明太子おにぎりを「賞味期限だから大丈夫」と思い込んで食べてお腹を壊したのです。

これらの期限は、食品の品質が十分に高い状態であることを示すサインになります。
品質は生産されてから時間が経過すると次第に落ちる（腐ったり味が落ちたりする）ものであり、期限を決めるには品質がどのように下がるかを見極める必要があります。

　しかし、なぜ食品によって消費期限と賞味期限で分ける必要があるのでしょうか。
その秘密は、食品の品質が落ちる様子の違いにあります。数日で腐るものと数ヶ月の保存がきくものでは、求められる鮮度も異なってくるからです。
　一方で、食品によって傷みやすさは異なります。
そのため、長期保存は可能か、どの程度傷みやすいかを正確に調べ、用途に合った期限を設ける必要があります。
ここでモノの変化を調べる微分が役に立ってくるのです。

　縦軸を食品の品質、横軸を生産されてからの時間としたグラフを見てみるとよりわかりやすくなります。
賞味期限がある食品の方が品質が落ち始めるのが遅く、落ちるスピードもゆっくりであることがわかるでしょう。

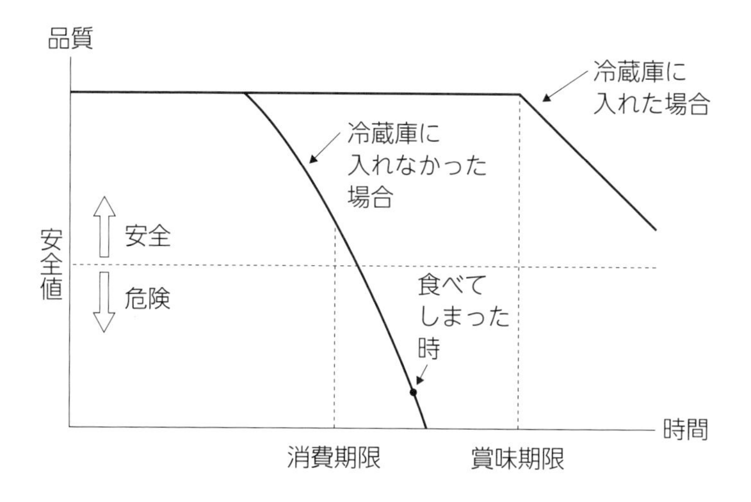

これらの基準の違いをしっかり理解すれば、
誤って危険な食品を食べてお腹を壊してしまったり、むやみに食品を捨ててしまうことも少なくなるはずです。

グラルくんのお父さんは薬を飲んで無事に体調が回復しましたが、お母さんに「これからはしっかり表示を見るように」と叱られたそうです。

式

商品Aの品質を$f_1(t)$（冷蔵庫に入れているもの）、$f_2(t)$（入れていないもの）とする。

$f_1(t)$、$f_2(t)$の増減を$\frac{df_1}{dt}$, $\frac{df_2}{dt}$とする（tは時間）

初めはどちらの品質も変化はない $\left(\frac{df_1}{dt}=0,\ \frac{df_2}{dt}=0\right)$

しかし、しばらくすると品質が落ちる $\left(\frac{df_1}{dt}<0,\ \frac{df_2}{dt}<0\right)$

冷蔵庫に入れると腐りにくくなる $\left(\frac{df_1}{dt}\geqq\frac{df_2}{dt}\right)$

16「調味料」の積分で美味しい料理が作れる

アイちゃんが塩焼きそばを作っていると、グラルくんが訪ねてきました。
グラルくんは食事がまだだったので、アイちゃんにごちそうになることにしました。

料理の味は、好みが人それぞれ違います。
たとえば塩味は、しょっぱいほうが好きな人もいれば、薄味のほうが好きな人もいます。
さらに、体調の関係で塩気を控えなければいけない人もいます。

薄味が好きな人は、少ない塩の量で満足するので、それ以上塩を入れたら満足度は下がってしまうでしょう。
一方で、しょっぱい味が好きな人は、塩分をかなり多くしないと「味が薄い」と感じてしまいます。
満足度を上げるためには、塩の量を増やさなくてはならないのです。
しかし極端に多いとさすがにしょっぱすぎると感じ、満足度は下がってしまうでしょう。
つまり、その人がちょうどいいと感じるように塩分を調整する必要があるのです。
ここでは、グラルくんが薄味好き、アイちゃんはしょっぱい味が好きです。
アイちゃんは自分好みの味にするために塩をたくさん入れよう

としていましたが、グラルくんが来たので少し塩の量を控えることにしました。

しかし、そうするとグラルくんは少し濃く、アイちゃんは少し薄く感じる中途半端な料理になってしまったのです。
こういう場合は薄味で料理を作り、テーブルに塩を置いておき、必要な人だけがそれを使うのがいいのかもしれません。

ちょうどいい塩分量は、微分で表すことができます。
しかし、グラルくんにとってちょうどいいポイントと、アイちゃんにとってちょうどいいポイントが違うということになります。

これは塩に限った話ではありません。
たとえばカレーにはいろいろな辛さの段階があります。甘口が好きな人もいれば、激辛が好きな人もいます。
お寿司にしても、サビ抜きではないと食べられない人もいれば、ワサビをたっぷり入れたい人もいるのです。
調味料ごとに、それぞれの人の好みのポイントが微妙に違うというわけです。

たとえばグラルくんが通っているラーメン屋では、カウンターの前に塩、コショウ、ニンニク、醤油、ラー油、高菜、唐辛子、ゴマなどが置かれていて、自分好みに味を調整することができます。
人の好みがそれぞれ違うために、自分で調整できるようにしているのです。

例に示せるのは調味料だけではありません。
ラーメン屋には、麺の硬さ、麺の太さ、麺の量、油の量などを指定できるところもありますよね。

これらを踏まえると、自分の料理の満足度を縦軸、調味料の量を横軸とすることで自分好みの味を表すグラフを作ることができます。
ラーメンの場合のグラフはかなり複雑になります。塩のグラフだけではなく、他の調味料のグラフも発生するからです。
好みの量の調味料をそれぞれ重ねていくことで、自分のベストな味が出来上がるというわけです。

式

料理の調味料と味の関係は微分で説明できる。
たとえば、塩の量をx
グラルくんの感じる料理の満足度を$f(x)$
アイちゃんの感じる料理の満足度を$g(x)$とすると
xが小さければ$f(x) > g(x)$
xが大きければ$f(x) < g(x)$となる。
また、それぞれの味の変化は$\frac{df}{dx}$, $\frac{dg}{dx}$と表せる。
例えばグラルくんの感じた味によって
塩が足りない⇨ xを増やせば満足するので$\frac{df}{dx} > 0$

塩が多い⇨ xを減らすと満足するので$\frac{df}{dx} < 0$

ちょうど良い⇨どちらでもないので$\frac{df}{dx}=0$
といった数値になる。

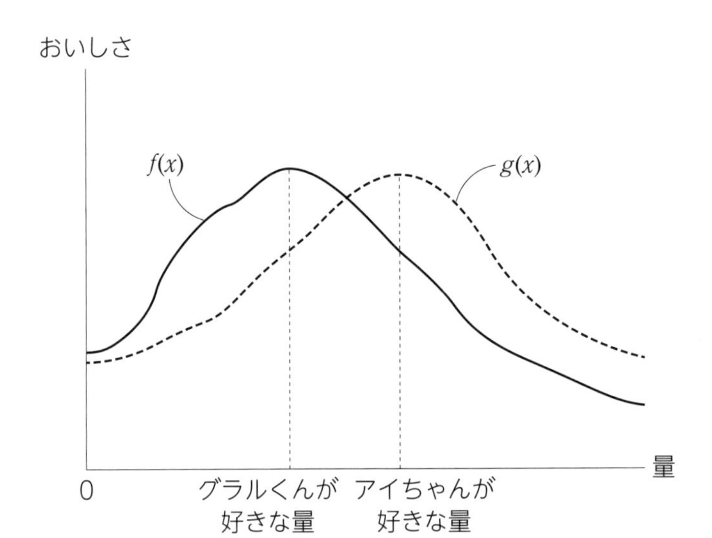

第３章
社会生活編

17 短時間で正確に「測量」できるのは積分の力

人間の手では追いつかない大量・長期間の情報を調べることが必要な場面があります。そういった時に微分・積分を使うと、手間を大幅に省いたり、今後の動向を予測することもできるのです。

グラルくんの夢は、いつか森の中に住むことです。

住みたい土地の値段を知るためには、土地の面積を求める必要があります。

しかし森の中なので石などがあり、グラルくんの住みたい土地は正確な正方形にならないかもしれません。

いびつな形の土地の面積を測るには、どうしたらいいでしょうか。

そもそも土地の値段は国が公表した「公示地価」などを基本にして、つけられています。

基準となる土地の価格（1㎡）にその土地の面積をかけたものが、土地の価格の合計となります。

正方形や長方形の土地の場合、素直にその土地の横幅と奥行をかければ価格が出ますが、

そうではない複雑な地形の土地（これを不整形地といいます）の場合、その土地を小分けにし、それぞれの面積を求め、その合計を足して価格を出します。

このように「対象を小分けにし、合計を出すことで、正確な値を求める」というのは、積分の考え方です。

積分は、一度の計測では値がわからないようなものに対するアプローチ法にもなるのです。

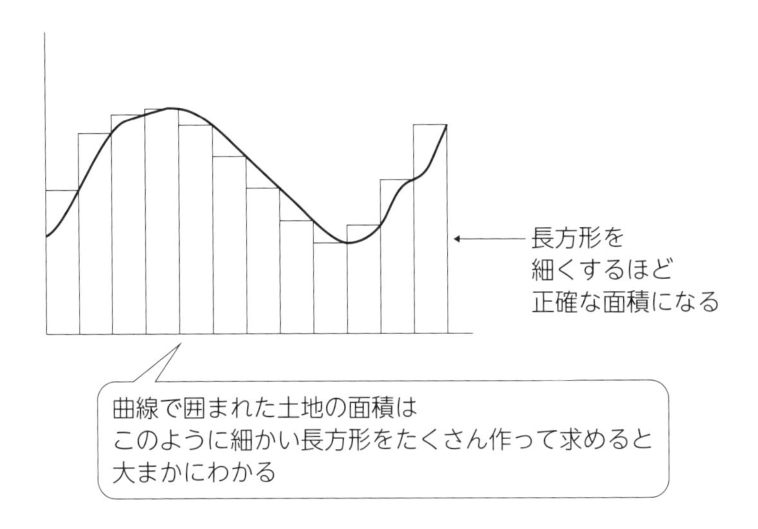

また、土地の正確な面積を測る方法として「測量」があります。測量は、長方形や三角形など、面積が分かりやすい土地を測定するために使われる技術です。
しかし、一回の測量だけでは複雑な地形の面積は分かりません。そのため、複雑な地形の土地では何度も測量をしなくてはならず、測量費が高くなってしまうのです。

そうなると、複雑な地形は費用がかかって損に思うかもしれません。
けれど、実はそうでもありません。

不整形地は国で定められた面積を出すうえでの補正率というものがあり、最大で40％も評価が低くなるケースがあります。
その場合、安い価格で広い土地を購入することができ、さらに税金も低く抑えられるため、得する一面もあるのです。

ここでは測量について書きましたが、一般の図形全般についても積分の考え方が使えます。
たとえば円形のデコレーションケーキを切り分けるときも、それぞれ同じ面積にするほうが公平です。
このとき私たちはなんとなく同じくらいになるようカットしていますが、その「なんとなく」の感覚のときに、脳内で素早くそれぞれのおおまかな面積を把握しています。

しかし、たとえば雪の結晶のような複雑な模様の場合、面積を求めるのはとても難しくなります。
その場合は可能な限り細かく模様を分けることで、本来の面積に近い数字を出します。
これを**求積法**と言います。
用途に応じて、面積の精度も変わってくるのです。

式

面積を求めたい部分を$f(x)$と表す（xは横幅）
xがaからbまでの範囲とすると
求めたい部分の面積は$\int_a^b f(t)\,dx$と書ける。
たとえば、この土地を半分に分けたいときはaとbの間にうまく点cをとってそれぞれの面積が等しくなるように

$\left(\int_a^b f(x)\,dx = \int_c^b f(x)\,dx \right.$となるように$\left. \right)$
すれば、半分になる。

18 化石の「年代予測」は微分で計算できる

グラルくんとアイちゃんは、親戚のおじさんからお土産でアンモナイトの化石をもらいました。
アイちゃんは初めて見る化石に興味津々です。
「この化石は何年前のものなの？」と聞くと、おじさんは「大昔さ」と答えました。

グラルくんは興味を持ったので、化石について調べてみることにしました。
すると、化石が何年前のものなのかを調べる方法があるようです。
しかしそれは、生物にしか適用できないものなのだそうです。
アンモナイトは「頭足類」という種類の生き物です。
グラルくんたちがもらった化石がいつのものなのかも、わかるかもしれません。

私たちは、化石ができた当時のことを直接知ることはできません。
しかし、現在は化石の材質を詳しく調べることでその化石がどの年代にできたものなのかを知ることができます。
年代を知るためには、含まれている炭素の量を調べる必要があります。
化石に含まれている炭素には主に、^{12}Cと^{14}Cの２種類があり、この２つは質量の違いで区別されます。
このうち^{14}Cには、ある重要な性質があります。

^{14}C は生物が死んだ時にはある程度決まった量が含まれていますが、原子の構造が不安定なため、時間が経つごとにある特徴的なペースで減少するのです。

この特徴的なペースは「指数関数」と呼ばれ、物質の量が半減するまでの時間が常に一定である、というものです。
そして、この半減するまでの時間を「半減期」と言います。
「半減期」は物質ごとに異なっています。
例えば ^{14}C の半減期は約 5700 年なので、
ある化石に含まれている ^{14}C の量が死んだ時の４分の１だったなら、この化石は約１万 1400 年前のものであるといえます。

しかし、化石の中には10億年以上前に存在していた生物のものもあります。
これだけ大昔だと、^{14}C はほとんどなくなってしまうため、そのような化石の年代測定には向きません。
こうした時はより半減期の長いウラン（半減期が 45 億年の ^{238}U）などの物質を利用することで、より幅広い年代測定ができるようになるでしょう。

半減期の性質を利用して化石の年代を特定するとき ^{14}C がなぜこのようなペースで減少するのか、それを考える時に微分が役に立つというわけです。
ここで縦軸を ^{14}C の量、横軸を時間としたグラフを作ってみると、時間が進むごとに ^{14}C の減少スピードが緩やかになっていることがわかります。

実はこのグラフの減少スピードは、^{14}Cの量が半分になると半減し、3分の1になると同じく3分の1になる比例の関係にあります。
これこそが先述した「指数関数」の特徴であり、^{14}Cに「半減期」があると言える理由となるのです。

式

化石に含まれている^{14}Cの数を$f(t)$

^{14}Cの増減を$\frac{df}{dt}$とする（tは時間）。

$\frac{df}{dt}$は$f(t)$に比例している$\left(\frac{df}{dt} / f(t)\right.$の値は一定である$\left.\right)$。

時間が経つほど$f(t)$は減少するので$\frac{df}{dt}$の値は常にマイナスである$\left(\frac{df}{dt}<0\right)$。

ある化石の^{14}Cの割合がほかの半分だったとき、その化石は半減期1つぶん古いということになる。

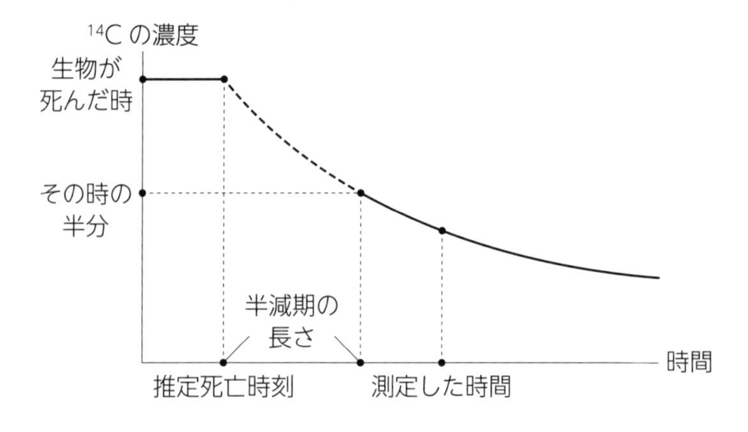

19 微分の「指紋認証」で安全が守られている

グラルくんは新しいタブレットを購入しました。

このタブレットには、指紋認証機能が搭載されています。

グラルくんがアプリをダウンロードする際、今までは確認のためにパスワードを入れていましたが、
このタブレットでは指をホームボタンにタッチするだけで認証されるのです。

ホームボタンにはセンサーがあり、指でそこに触れると指紋の形を感じ取り、本人確認を行います。

指紋はたくさんの山と溝の組み合わせでできています。
たとえば山の部分では、センサーに強く触れるため、反応も強くなります。
しかし溝の部分では、センサーに触れる力が小さいため、弱い反応になります。
この反応の違いによって指紋を感じ取り、認識することができるのです。

指紋はひとりひとり違うため、この指紋認証機能の誤差はほとんどないと言われています。
そして認証には、微分が使われています。

微分はその対象の変化の様子を求めることにより、全体の形状を把握するものです。
指紋認証でも、センサーの反応がどのように変わっていくかを計測することで、指紋の形を把握することができます。

計測した指紋を予め登録しておき、後日触れられた指紋が登録されているものとどの程度一致するかで、指紋認証は行われます。
たとえば別人の全然違う形の指紋がタッチされた場合、センサーが感じ取る指紋も異なるものになります。
そうなると、システムを突破することはできません。

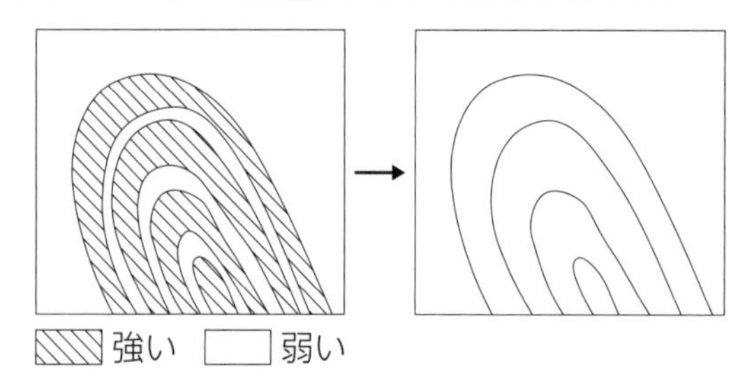

センサーに触れると、反応が強い部分と弱い部分ができる。微分によって、反応の変化が特に大きいところを計算すると指の凸凹、つまり指紋を計測できる。指紋認証は、このように計測した指紋を記録し、どれだけ似ているか調べることによって行われている。

なお、**このシステムは、指紋に限ったものではありません。**
たとえば顔認証や虹彩認証など、人体の他の部分を活用した認証システムの導入も進んでいます。
スマートスピーカーは声紋で持ち主の声かどうかを認識しますし、牛は鼻の紋様、すなわち鼻紋によって、個体判別をしています。

しかし3D印刷技術の発達などによって、この認証システムが危うくなってきました。
指紋や顔などを3Dプリントすることで、認証システムを突破できてしまうケースが出ているのです。
双子の場合、声紋認証で判別しにくい場合もあるそうです。

今後もさまざまな認証システムが出てくるでしょう。
それを突破しようと悪知恵を絞る人も出てくるでしょうから、イタチごっこは続くかもしれません。
セキュリティ対策には、まだまだ研究の余地がありそうです。

式

センサーに触れている場所をx、センサーの強さを$f(x)$とすると、
センサーの反応の変化は$\frac{df}{dx}$と書ける。
山の部分から谷の部分に向かうと$\frac{df}{dx}$は小さくなり、
谷の部分から山の部分に向かうと$\frac{df}{dx}$は大きくなる。

$\frac{df}{dx}$のグラフの形がどれだけ似ているかで指紋認証を行っている。

20 「希少生物の絶滅危機」は微分で計算する

グラルくんとアイちゃんは動物園に行きました。

アイちゃんはハシビロコウの前で立ち止まりました。
動かず、じっと佇(たたず)む大きな無表情のこの鳥が、アイちゃんのお気に入りなのです。

ハシビロコウは、絶滅危惧種です。
近年どんどん個体数が減っているので、絶滅を心配されています。
今後どのようなペースで減っていくのかは、微分で推測することができます。

ここで、かつて絶滅危惧種だったジャイアントパンダについて考えてみましょう。

野生のジャイアントパンダは数が減少していて、WWF（世界自然保護基金）によると1970～80年代の生息数は約1000頭でした。
しかし2015年の調査では1864頭に増えていました。現在は絶滅危惧種から指定解除されています。
その理由は、密猟が減ったことと、保護地域が広がったことにあると考えられています。

安全が確保されたことによってジャイアントパンダの個体数は少しずつ増え続け、このペースでなら絶滅は避けられると推測されたのでしょう。

動物の生息数の増減について考えるためには、２種類のグラフが必要です。
「何体生まれたか」というグラフと「何体死んだか」というグラフです。
また、人間の人口調査でも、出生数と死亡数を比較し、差し引きが増えたか減ったかで考えます。

足し算や引き算のように見えるかもしれませんが、これは微分のグラフでも表現できます。

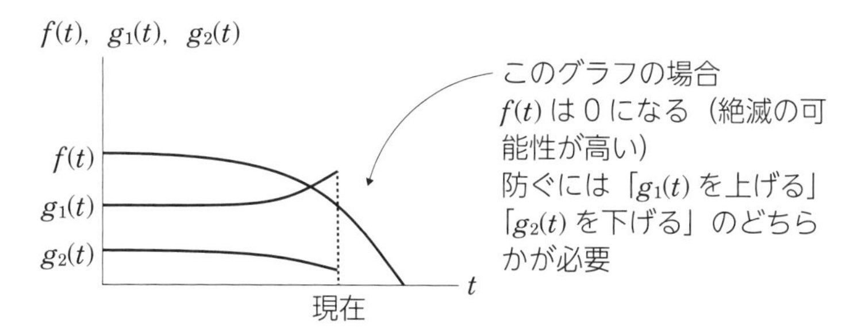

どれだけ増えているか、もしくは減っているかを知ることで、調べたその時点の数と今までのデータを比較することができます。
その比較をもとに今後の変化を推測する、この計算が微分の考えかたです。

動物の個体数が増えていれば絶滅からは遠ざかり、減っていれば絶滅に近づいてしまっています。

数が減っている生き物はこのままでは絶滅してしまうので、それを防ぐために繁殖を支えるか、環境が悪化しないよう保護するなどして、死亡リスクをできるだけ減らす必要があります。
パンダの数が増えたのは、こうした工夫が成功したからでしょう。

またハシビロコウも、環境が変わらない限り個体数が減り続けるペースは変わらないでしょう。
この愛嬌（あいきょう）のある鳥が世界からいなくならないために、保護をしていく必要があります。

ではアイちゃんが、お気に入りのハシビロコウにできることはあるでしょうか。ハシビロコウの存在自体を知らない人が多く、また絶滅しかかっていることも知らない人が大勢いることでしょう。
なので、まずは友達や周りの人に、「こんなに素敵な鳥がいるんだ」ということを知ってもらうことだと思います。

式

ある生物の個体数を$f(t)$とする（tは時間）。
どれだけ増えているのか（どれだけ繁殖しているのか）を$g_1(t)$、
どれだけ減っているのか（どれだけ死んでいるのか）を$g_2(t)$とすると
個体数の変化　すなわち$\frac{df}{dt}$は$g_1(t)\ g_2(t)$で表せる。

$\frac{df}{dt}<0$ ならば数は減っており、絶滅に近づいている。
$\frac{df}{dt}>0$ ならば数は増えており、絶滅の心配はないと考えられる。
また、$f(t)$ が0になったとき、その生物は絶滅してしまったといえる。
このとき、個体数は増えも減りもしないので $\frac{df}{dt}=0$ と書ける。

21 「志望校の難易度」は積分でわかる

グラルくんが、高校受験をするアイちゃんに数学を教えています。

アイちゃんは、少し難しい高校に頑張って挑戦しようとしています。
しかし合格するためには、少し偏差値が足りないようです。上げるためには、どうしたらいいのでしょうか。

簡単に言ってしまえば、勉強をすれば偏差値は上がります。
しかし、効率よく偏差値を上げる方法があるのです。

アイちゃんの得意科目は国語で、いつも80点は取れます。
けれど数学が苦手で、30 点くらいしか取れません。
効率よく偏差値を上げるためには、どちらの科目を勉強したほうがいいでしょうか。

実は偏差値は、点数だけでわかるものではありません。
「全体の平均点や他の人の点数の分布に比べて、自分の点数がどうだったのか」による数値だからです。

「偏差値をもとに、自分の順位を知る」ということも、積分で考えられます。

偏差値の計算は「正規分布」というものが基になっています。
これはテストの平均点に対する人数の分布を表すグラフで、平均点の周辺に人数が一番多く集まっています。

つまり、偏差値50というのは「平均点に一番近い位置にいる」ということなのです。

偏差値のグラフは、平均点を頂点とする山形になっています。
偏差値60を超えることができるのは、およそ６人に１人くらいだという計算になります。
現象をグラフ化し、そのグラフの面積を計算するのが積分の考えかたなのです。

たとえば６割の人が平均点を取ったテストと、８割の人が平均点を取ったテストがあるとしましょう。
平均点を取った人が多いほうがグラフの頂点が高くなり、グラフは縦長になっていきます。
なぜなら、平均点から離れている人の数が少なくなるからです。
アイちゃんは、まず平均点を目指して勉強する必要があるでしょう。
そこからは、自分の頑張りと偏差値の分布次第です。

アイちゃんは国語が80点でしたが、平均点が80点だった場合、偏差値は50となります。
平均点が70点だった場合、偏差値は50以上になります。
しかし平均点が90点だった場合、偏差値は50以下になってしまうのです。

５科目の合計偏差値を上げたい場合、偏差値が50以下の科目を狙って勉強すると、偏差値の上げ幅が大きくなります。結果として勉強の効率が良くなります。
アイちゃんは数学の偏差値が39だったので、グラルくんに家庭教師をお願いして偏差値50を目指して勉強に取り組んでいます。

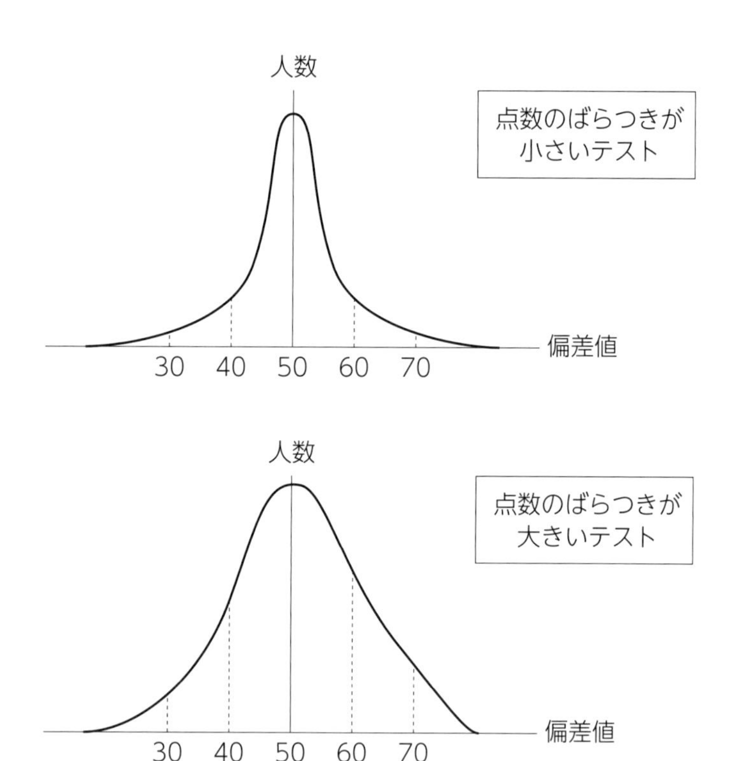

22「裁判」は情報の積分

グラルくんはお父さんと一緒に、裁判所へ裁判の傍聴に行きました。
傍聴席に座ると、実際の裁判の様子がリアルに見学できるのです。
そこでは離婚裁判が行われていました。

裁判とは、問題を解決するために法律を用いて判決を下すものです。
判決を出すためには、裁判が何度か開かれることになります。
その間にお互いに証拠を出し合ったり、または出された証拠に反論をしたりして闘いを繰り広げます。

グラルくんが見学した裁判の内容は、ギャンブル依存になった夫に妻が三下り半を突きつけたものでした。
妻は、夫が使い込んだ銀行預金の通帳を証拠として提出していました。
そのような証拠を出された場合、夫は不利になります。

しかし夫は、給与が振り込まれる通帳を証拠として提出しました。
それによると、給与が妻の口座に全額振り込まれていたのです。
これにより、妻が、夫の給料をすべて自分のものにしていたことが明らかになりました。
こうなると、夫が有利になります。

グラルくんが見学した日にこの争いの結論は出ませんでしたが、いずれは裁判官が何らかの結果を出すことになります。
裁判とは、自分が有利になるように持っていったほうが、自分の望む結果になる可能性が大きいということが言えるでしょう。

実は、この全体の流れは積分として考えることができます。
主張すべきことは主張し、有力な証拠があれば提出する。
そうして自分の状況が裁判で有利になるよう努力することが必要なのです。この努力の積み重ねが積分であると言えます。

一方、当然争っている相手方も、こちらが不利になる証拠を突きつけてくるかもしれません。
それでたとえ不利になったとしても、それをさらに上回るような証拠を出せれば、こちらがまた有利に逆転する可能性が大きくなります。

裁判の途中で疲れてくると、裁判を欠席したり、証拠集めに疲れて提出しなくなったりする人もいます。
そうなると、状況は不利になるでしょう。
けれど、どれほどサボっていても、明らかに相手が悪いと言い切れるような強力な証拠を出すことが一度でもできれば、一気に状況が優勢に傾くのです。

良い判決が出るためには、やはり証拠が必要です。
そのためには、日頃からなにごとにも証拠を残しておくことが大切です。
たとえば、離婚を考えている夫婦の場合は、少しずつ証拠集めを始めておく必要もあるのかもしれません。

お互いの主張や証拠を積み重ねていき、判決を待つ。判決にはそれまでの裁判でのやりとりが刻まれているのです。
悔いのないよう、弁護士などの専門家にも相談しつつ、現時点での自分が有利か不利かを確認しながら慎重に行動していくことが必要です。

式

裁判の有利度を$f(t)$と表す（tは時間）。
tがaからbまでの範囲とすると
$\int_a^b f(t)\,dt$の値によって裁判のおおまかな判決が予想できる。
もし裁判を有利に進めることができれば、$f(t)$が大きくなり
$\int_a^b f(t)\,dt$も大きくなる。つまり、勝率も上がる。

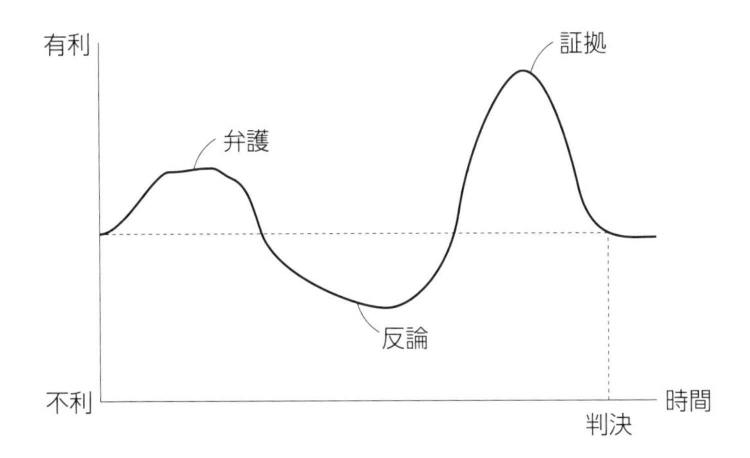

23 「保険金」の金額は微分で計算できる

グラルくんのお母さんが生命保険の見直しをしています。
最近保険料が高いので、解約しようか迷っているようです。

生命保険料は、年齢に伴って高くなります。
年齢が低いときは死亡する確率が低いため生命保険料は低いのですが、年齢を重ねて確率が上がるのと並行して、上がるのです。
一定の年齢を超えると、加入することができなくなる場合もあります。

その人が死亡する確率は、統計上のデータから計算されます。
そして、**生命保険料の金額がどのように変化していくかは、微分で考えられます。**

グラルくんのお母さんは50代になり、保険料が上がってしまいました。そこで今後も加入を続けるか悩んでいます。
そもそもお母さんが生命保険に加入しているのはなぜでしょう。

それは、自分のお葬式の費用をまかないたい、という理由からでした。
しかもグラルくんのお母さんは、一般的なお葬式の費用よりもだいぶ高額な保険料が出るものに加入していたのです。
ここを見直せば、少し保障の金額を下げることが可能です。

保障額を減らせば、必然的に生命保険料も下がります。
結局お母さんは、額を減らした生命保険に掛け替えることになりました。

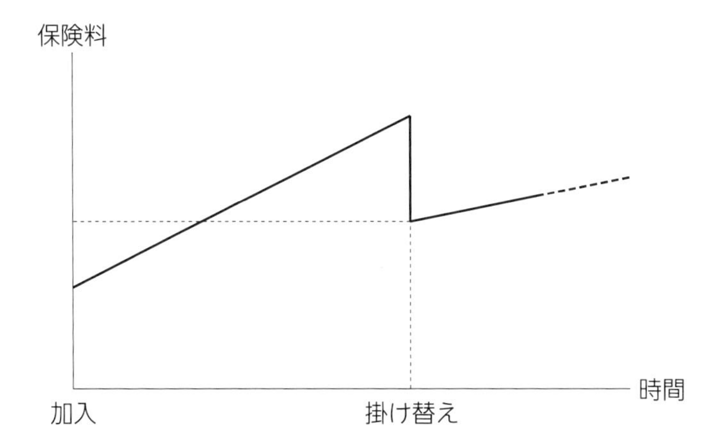

グラルくんは「自分も生命保険も入っているのか」と聞いてみると「生命保険ではなく、医療保険に入っている」ということでした。
病気で入院したときやケガをしたときにお金が支払われるというものです。
医療保険であっても､年齢によって金額が変化するのは同じです。
病気やケガをする確率は、年齢が高くなるにつれて増えていくからです。
まだ若いグラルくんは、かなり安い額で保障を得ることができていました。

　では、もしお母さんが生命保険を解約してしまったら、どうなるでしょうか。
　お母さんが健康で暮らしている間は、特に問題はありません。しかし万が一のことがあった場合、お葬式代が必要となるが、保険料は得られない、などという事態が発生してしまいます。

　お葬式代の準備があるのであれば保険料は必要ありませんが、それが心配な場合は、生命保険に入っておくにこしたことはないのです。
グラルくんのお母さんも保障額は減りましたが、やっぱり保険に入っていると安心だわ、と言っていました。
そしてグラルくんは、お母さんの生命保険料が下りることなく、まだまだ長生きしてもらいたいなと思ったのでした。

24「選挙」は立候補者の微分次第!?

グラルくんの町で町長選挙が行われることになりました。
連日、何台もの選挙カーからウグイス嬢や候補者の声が聞こえてきます。
なぜ、彼らは選挙カーで連日回っているのでしょうか。
それは、少しでも当選する確率を上げるためです。

選挙カーで回ると、町民の候補者認知度が上がります。
名前や顔を覚えてもらえますし、応援してくれる人も増えるかもしれません。
認知度が上がり、かつ頑張りを認めてもらえると、好感度も上がります。
そうすると、獲得できる票の数が増えることにもつながります。

しかし、一番熱心に選挙カーで回った人が、必ず当選するわけではありません。
それは、もともとの認知度に差がついている場合があるからです。
たとえば、現職の町長が再選を目指して立候補している場合、その人の顔も名前が町の中ですでに知れわたっているため、認知度はとても高くなります。これは、他の候補者に比べてかなり有利と言えるでしょう。

しかし、無名の新人の場合はどうでしょう。
選挙戦の序盤では、認知度はゼロに近いかもしれません。けれど選挙カーで回ったり、街頭演説を熱心にしたりすることで、徐々に顔と名前を覚えられていくでしょう。
しかし選挙期間は短いので、認知度を100%にするのは難しいです。なので、当選するためには何らかの作戦が必要です。

ここで有名タレントが応援演説にやってきました。すると大勢の人が集まり、一気に新人候補者の認知度や好感度が上がりました。

さらに同じ頃、現職町長が秘書にセクハラをしたというスキャンダルが持ち上がり、支持者が大幅に減少しました。
現職町長の好感度は一気に下がってしまったのです。

すると、今まで地道に活動してきた無名の新人候補者の好感度が現職町長を上回りました。
結果として、新人候補者は当選を勝ち取ることができたのです。

選挙の当落の可能性を考えるのには、微分が使われます。

その時点での当落の可能性を判断し、今後の動きを読む。
その「今後の動きを読む」際に、微分が登場するのです。

たとえば新人候補者が良い演説をしているときは、好感度はジリジリ上昇しています。
「この演説1回あたりで当落の可能性がどれほど変化したか」を分析するのが微分の考えかたです。
もしとても感動的なスピーチをし、感銘を受けた人々がその話をあちこちに伝えた場合、1日に何%も好感度が上昇することもありえます。

逆に人々の共感を得られなかった場合、上昇しないこともあります。

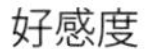

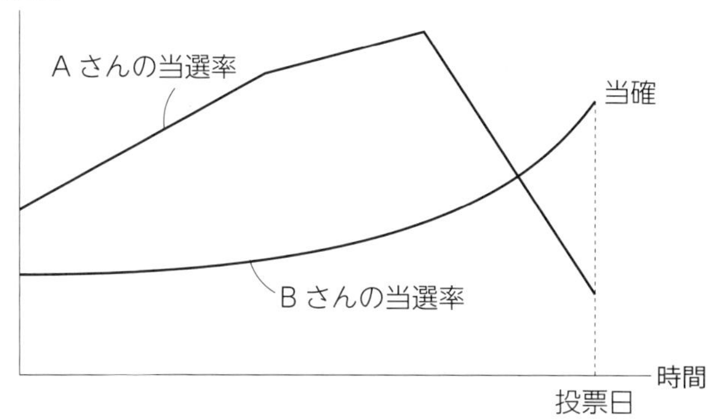

不祥事などで好感度を下げずに、根気強く人の心を動かす活動を続け、他の候補者の誰よりも高い好感度を獲得する。それが、選挙戦で勝つコツと言えるでしょう。

式

選挙活動を始めた時間をt_0、現在の時間をt、好感度を$f(t)$とすると

好感度の増え方は$\dfrac{df}{dt}$と書ける。

不祥事を起こすと$\dfrac{df}{dt}$は大きなマイナスになり

支持者を増やすと$\dfrac{df}{dt}$は大きくなる。
地道な演説により共感を集めていると$f(t)$は増えていく。
$\left(\dfrac{df}{dt}>0\right.$となる$\left.\right)$

25「病気」になったら医者は微分で薬を出す

今日はグラルくんが、アイちゃんに数学の家庭教師をしに行く日です。
しかしアイちゃんから連絡が入りました。扁桃腺（へんとうせん）が腫れて熱があるので、今日は中止にしてもらいたい、ということでした。

アイちゃんは病院に行き、薬をもらってくるそうです。
「お大事に」と返事をした後で、グラルくんは薬が早く効くといいなと願いました。

体調を崩すと、人は普段通りに活動できなくなります。しかしよくなっていくと、再び元気に動き回れるようになります。

病気にかかったら誰でも早く元気になりたいと思うはずです。この時どのような治療をするかは、お医者さんの判断によります。
お医者さんは薬を飲んだら患者にどんな変化が起きるかを、それまでの知識から推測しています。
それは、微分的な考え方であると言えるでしょう。

ひとくちに薬による変化と言っても、さまざまな要因により、その効果は変わってきます。
年齢、アレルギーの有無、持病、妊娠の有無など、考慮しなくてはならない点がたくさんあるからです。

それらたくさんの要素をふまえて、お医者さんは最も効果が高いと考えられる薬を処方しているのです。

お医者さんの見立てが正しければ、体調の回復は早まるでしょう。
それは薬が効いたということです。
しかし、薬が合わなかった場合、副作用に見舞われる場合もあります。そのときは、体調がむしろ悪くなるかもしれません。場合によっては命にかかわることになりかねません。
そうなると、それは、「薬が効かなかった」ということになります。

しかし、体調が一気に回復すればいいというわけではありません。
あまりに早すぎる回復は、体に負担がかかる場合もあります。病気で弱ってしまったときは、ゆっくりと回復していったほうがいいケースもあるのです。
そのため、お医者さんは患者の体調を見ながら、患者ごとに回復のペースを調整しています。

これは薬に限ったことではありません。
手術やリハビリの時も同じです。特に手術は患者の体にメスを入れる行為のため、どうしても患者の負担が大きくなります。
それでも手術をするのは、それ以上の大きな回復が望めるからに他なりません。

薬に頼らず自力で治したいと考える人もいるかもしれません。

しかし、薬に頼れば劇的に回復することもあるので、まずはお医者さんと相談するべきでしょう。

式

患者の健康度を$f(t)$とする（tは時間）。
健康度の変化を$\frac{df}{dt}$とする。

たとえば病気が悪化しているときは$\frac{df}{dt}$がマイナスである。

このとき、医者の治療がある$\frac{df}{dt}$はより大きくなり
より早い回復が望めるようになる。
しかし、治療がないと$\frac{df}{dt}$は大きくならず最悪そのまま体調が悪くなっていく。

$\left(\frac{df}{dt}<0\right.$だと、調子が下がり続ける$\left.\right)$

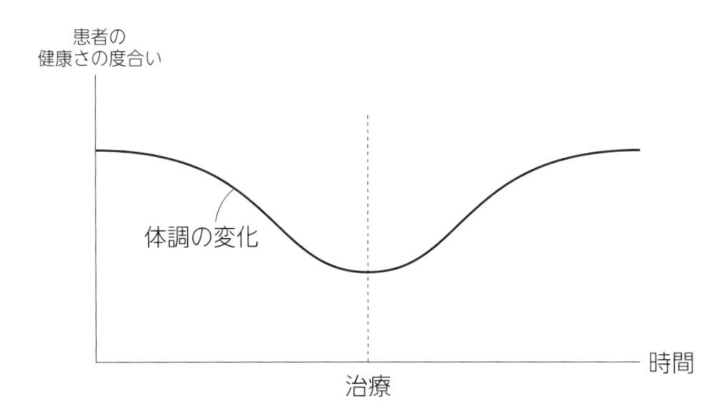

26「感染症」の感染者の増減は微分で推測

グラルくんが暮らす地域でこの冬、感染症が流行しました。
そのため、グラルくんの家族は感染を避け、ほとんどの時間を家の中で過ごしました。

テレビでは毎日のように、今日の感染者数を報道しています。

どんどん感染者数が増えている時期は、「明日はさらに多くの人が感染するのではないか」と人々は考えます。
しかし、徐々に感染者数が減ってくると、「明日になればもっと安全な世界になっているだろう」と捉えるようになります。
１日の感染者数から今後の動きを予想することは、微分の考え方に基づいているのです。

また、実際に感染の広がるタイミングは、症状が表れるタイミングとは少しズレがあります。
たとえば新型コロナウイルスの場合、感染してから症状が表れるまで２週間近くかかることもある、と言われています。
そのため、今の感染者数を正確に把握するためには、２週間ほど前の状況を微分で分析する必要があります。

たとえば２週間前に大きなイベントがあり、人々が外に繰り出し密集していた場合、そのときに大勢が感染した可能性があります。

そして、イベントで感染をした人たちが、この２週間で他の人たちに感染を広げている可能性もあります。この結果、感染者数は増えると予想されます。

逆にいえば、徹底した感染対策を施したとしても、その効果が表れるのは、２週間後のことなのです。
グラルくんのように外出せず家の中にずっといることで、他の人に感染させたり、誰かから感染させるというリスクが激減し、拡大が抑えられます。

けれど、２週間外出しなかったら感染症が撲滅できるか、というと、そうではありません。
感染対策をやめて元の生活に戻り、人と人との接触が増えると、またウイルスが広がっていくかもしれません。
特効薬やワクチンが普及すれば、感染症を撲滅できる可能性も高くなります。

感染者数を示すグラフには、累計感染者をカウントしていくグラフと、その日の感染者数を表示するグラフがあります。
累計感染者数のグラフは今までの期間の足し算なので数字は増える一方であり、減ることはありません。
しかし、その日の感染者数グラフはその日のみの感染者の数値を表示しているだけなので、感染者数が減ればグラフもそれに伴い低くなります。

さらに、「退院者数グラフ」というものもあります。

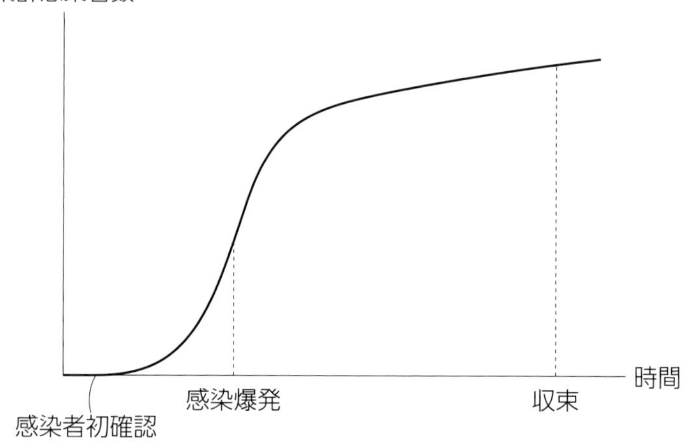

感染者数から退院者（完治者）数と死亡者数を引いた数字が、現在治療中、もしくは経過観察中の人ということになります。
治療者数が多ければ多いほど、医療機関の逼迫（ひっぱく）度が高くなっていくということになります。

コラム２　微分・積分に必要不可欠な「極限」って知ってる？

微分と積分どちらでも重要なのが、「グラフを細かく分ける」という作業です。
「グラフを細かく分ける」と、たとえば曲がりくねったグラフでも、それを拡大して一部を観察すると直線のように真っすぐに見えます。しかしどのように拡大しても、100％の直線になることはほぼありません。どこかに線の変化があるからです。

グラフの拡大倍率を最大限に上げると、その拡大している部分のみ直線としてとらえることができます。この直線の傾き（角度）を求めることを「微分」と言います。
この「できるだけ直線に近づける」という作業を微分における「極限」と言います。

一方で、積分における「極限」は少し違うものになります。積分は主に、複雑な形の図形の面積を求めるというものです。複雑な図形の面積を直接求めることは、多くの場合たいへん難しいものです。そこで、このグラフを正方形のような計算しやすい形に切り分けて計算していきます。方眼ノートの上で求めたい図形を小さく分けていくような方法、それが積分なのです。
この場合、最終的にはミクロな正方形で埋め尽くされて、計算が終了します。これを積分における「極限」と言います。

これらに共通するのは「計算しやすい方法を考えて少しずつこつこつと問題を片付けていく」という考え方です。「極限」を知っておくことで、長い計算が少し楽しめるようになるのです。

第４章

趣味＆レジャー編

27 「ジェットコースター」の絶叫ポイントは微分で決める

楽しい趣味やレジャーの裏には、それをサポートしているたくさんの微分・積分の存在があります。
誰もが最大限に楽しめるように、さまざまな数式がうごめきあうような綿密な設計がなされているのです。

グラルくんはアイちゃんと遊園地に来ました。この遊園地で人気なのは、急角度で落下するジェットコースターです。
アイちゃんが乗りたがっていたので実際に乗ってみると、すごいスピードであっという間に駆け抜けていく、スリルあるものでした。

ジェットコースターの位置の高さを時刻ごとに点にし、それをつなげると、ジェットコースターのレールとそっくりのグラフが出来上がります。
グラルくんはこのジェットコースターで一番怖かったポイントはどこかを思い出してみました。
すると、かなりの落下があった地点だということがわかりました。

ジェットコースターは最初、ゆるやかな角度で上昇していきます。しかし、落下するときは急角度になるため、加速度が高まり、風圧も強まります。
それが恐怖を増加させるため、落下角度が急であればあるほど、スリルが増すということになります。

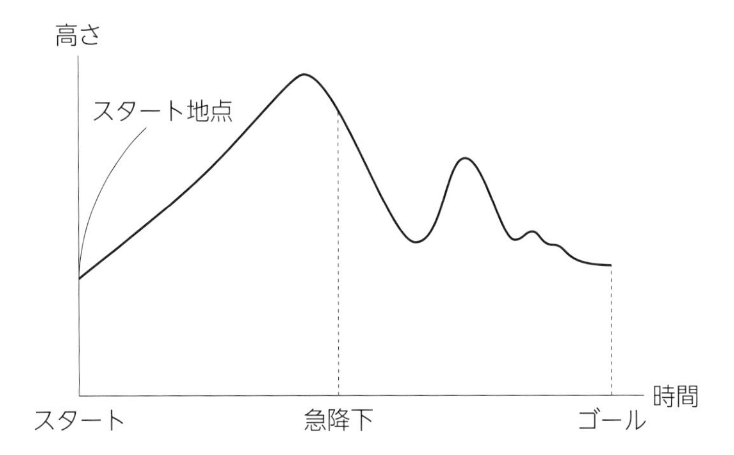

このグラフを見ると、どこで乗客がスリルを感じているのかが可視化できます。
コースターは二度落下しますが、より落下の勢いが強いもののほうが強いスリルを感じるため、最初の落下のほうが怖いということがわかります。
そして、徐々にスピードが落ちていくと落下の角度も緩やかになり、最終的にジェットコースターはスタート地点に戻り、停止します。

ジェットコースターの高さをグラフにし、どの部分が一番怖いかを調べることも、微分で考えられます。
微分は、「時間の経過によってどれだけ高さが変化したか」を調べられるものだからです。

変化の度合いが大きいほど、乗客のスリルも増していきます。グラフが上がっているときは高さが増えていくため、微分したときの値は＋（プラス）になります。
そしてグラフが下がっているときは高さが減っていくため、値は－（マイナス）となります。
下りの勢いが強いほどマイナスの数値は大きくなり、グラフの角度も急になります。

落下角度が垂直に近いような急なジェットコースターであるほど、風圧も強くなり、絶叫する人も増えます。
しかし、あまりに過激な乗り物は体への負担も大きいため、年齢制限が設けられることもあります。
落下角度が緩やかなジェットコースターは強い刺激が加わらないため、小さな子どもでも楽しめるでしょう。

フリーフォールやウォータースライダー、バイキングなど、絶叫マシーンと言われる遊園地の乗り物は、落下や降下でスリルを味わうものが多いです。
これらの動きをグラフにすると、やはり高低差が激しいものになります。
人間は落下や降下によって、快感に近い興奮を得ることができるのかもしれません。

式

ジェットコースターの高さを$f(t)$とする（tは時間）。
高さの変化は$\dfrac{df}{dt}$と表せる。

下りのときは$\dfrac{df}{dt}$がマイナスとなり（$\dfrac{df}{dt}<0$）、

急な下りであるほど$\dfrac{df}{dt}$は小さくなる。

また、絶叫ポイントは$\dfrac{df}{dt}$が最小になる場所である。

この$\dfrac{df}{dt}$の値が小さいほど怖いジェットコースター、大きいほど怖くないジェットコースターということである。

28 「桜の開花予測」は微分で考える

春になり、花が咲く季節となりました。
グラルくんのお母さんは、「お花見をしたい」と言いだしました。
しかし、グラルくんが住む地域ではやっと桜が開花し始めた頃です。
お母さんがいつごろになったらお花見に行けるか気にしているので、グラルくんは調べてあげることにしました。

日本の多くの地域では、春になると桜が咲きます。
近くの公園などに出かけて花見をするのは、日本の風習の１つです。
開花の時期は同じ場所でも毎年異なり、その理由は、それぞれの年の環境や気候の違いにあります。
気温や天気の影響が大きいため、晴れた日が続くなどの理由で例年よりも気温が高い年は普段より早く開花することが予想されます。

桜の開花には段階があります。
まずは開花から始まり、そこから三分咲き・五分咲き・七分咲きを経て八分咲き（満開）となります。
しかし数日のうちに花は散ってしまい、完全に散ったものは「葉桜」と呼ばれます。
したがって花見をしたい時は、桜が見頃になるのがいつなのかを、できるだけ正確に予想する必要が出てきます。

また、開花の時期は地域によって異なります。
暖かい地域ほど開花が早く、2021年の場合福岡市では３月中旬に開花しましたが、北海道の札幌市では５月まで開花しませんでした。
つまり、桜の開花に合わせて日本を北上することで、約２ヶ月もの間花見を楽しむこともできるのです。

桜の開花状況を確認するには、微分の考え方が役に立ちます。
縦軸を桜の咲き具合、横軸を時間としたグラフを描いてみると、桜が咲いている期間は２～３週間と短いために、細長い山のようなグラフとなります。
この時、開花から満開までのペースがある程度決まっているという桜の性質を微分に利用すると、どの地域の桜がいつ満開になるのかを計算で求めることができます。

ここでは例として福岡市、長野市、稚内市のグラフを載せていますが、天気予報の情報サイトでは多くの都市の開花情報が載っており、それぞれ開花、満開の時期が異なっています。
自分の住む地域では、いつ頃開花するかをサイトでチェックするとよいでしょう。

グラルくんはサイトの開花予報から自分たちの街の桜が満開になる予想日を知り、それをお母さんに伝えてあげました。
お母さんはそれに合わせてお花見用の弁当の材料を買い出しし、当日は桜を楽しみながらみんなで食べることができたのです。

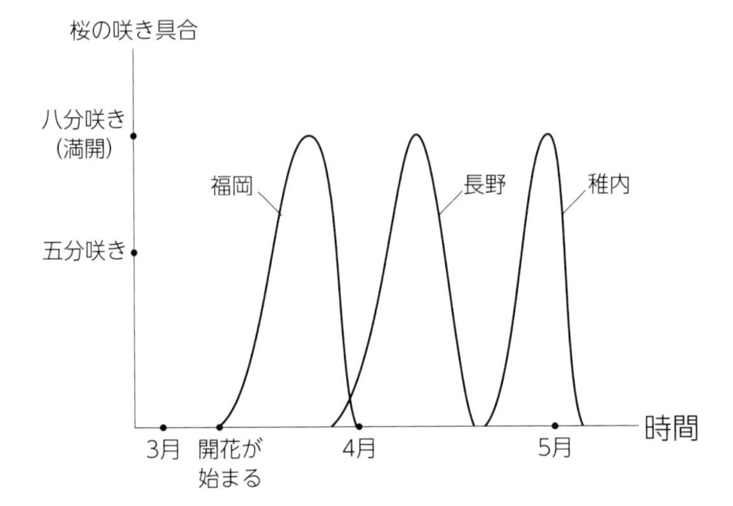

式

桜の開花を計算式で表す場合
福岡の桜の開花の割合を$f_1(t)$
長野の桜の開花の割合を$f_2(t)$
稚内の桜の開花の割合を$f_3(t)$

開花具合の変化を$\frac{df_1}{dt}$, $\frac{df_2}{dt}$, $\frac{df_3}{dt}$とする（tは時間）。
開花前は$f(t)$は変化しないので$\frac{df}{dt}=0$
開花した後は花が増えていくので$\frac{df}{dt}>0$
満開となってからは花は減っていくので$\frac{df}{dt}<0$
それぞれが開花する日をt_1, t_2, t_3とすると、暖かいほど開花が早くなるので、
$t_1<t_2<t_3$となる。

29 「カラオケ」は積分で計算すればうまくなる

グラルくんが、アイちゃんとカラオケをしています。

カラオケで１曲歌い終えると、消費カロリーが最後に表示されることがあります。なぜ表示されるのか、不思議に思ったことはありませんか？
しっとりとしたバラードでは消費カロリーは少なめに、激しくシャウトするロックでは消費カロリーは多めにカウントされていることに気づいた人も多いはずです。

人が声を出すと、その声の大きさに応じて、おおよその人が消費するカロリーの数値が表されます。
そして１小節を一生懸命歌ってカロリーを消費するごとに、加算されていきます。
この「合計する」という作業が「積分」にあたります。

たとえば、ダイエットをしたい人がいるとします。
その場合、できるだけ激しい曲を歌うべきだというのはわかりますよね。
そうするとよりカロリーが消費され、わずかかもしれませんが、痩せる可能性が出てくるというわけです。

また、カラオケでは曲ごとに得点計算をされることがあります。これは何を基準に出しているのでしょう？

カラオケには加点法と減点法、ふたつの計算方法があります。
加点法は先ほどの消費カロリーと同じ仕組みです。
しゃくれやこぶし、ビブラートなど、上手な歌い方をするとテクニカルポイントが追加されていきます。

対して減点法は音程やリズムのズレなどを検知して、その数が多ければ多いほど、得点が下がっていくものです。
その結果、満点から減点された得点が表示されます。
最高は満点（100点）なので、減点されず満点で歌った人がさらにビブラートをきかせてもテクニカルポイントはつかず、100点以上にはなりません。

ここで、カラオケが好きな人を登場させます。
もうすぐ行われるカラオケ大会のためになんとか100点を取ろうと、ひとりカラオケ練習を頑張っています。
100点を取るためには、減点される要素をできるだけ減らし、加点される要素をできるだけ増やす必要があります。
本人歌唱のCDを聴いて、ズレなく歌う練習をするのも一つの方法です。

また、最近のカラオケは、自分がどこで音程がズレるかを教えてくれます。
それを使って苦手な部分を重点的に練習するのも効果的です。また自分が歌いやすい音程の曲を見つけるのも大事です。そのほうがズレが少なくなるからです。
これらの微調整をくり返すうちに、100点に近づくことでしょう。

カラオケでは３種類の積分が使われています。消費カロリーと、得点の加点、そして減点です。

これらを把握しておくと、カラオケをより楽しめるようになるかもしれません。

式

加点の合計を$f(t)$
減点の合計を$g(t)$（tは時間）とする。
曲の開始時間をa、終了時間をbとすると
実際の点数は$100\ g(b)+f(b)$と表せる。
また、消費カロリーの激しさを$h(t)$とすると
消費カロリーの合計は$\int_a^b h(x)\,dx$と書ける。
もし、曲の前半で演奏を中止し、その時間をcとすると消費カロリーは$\int_d^c h(x)\,dx$となる。

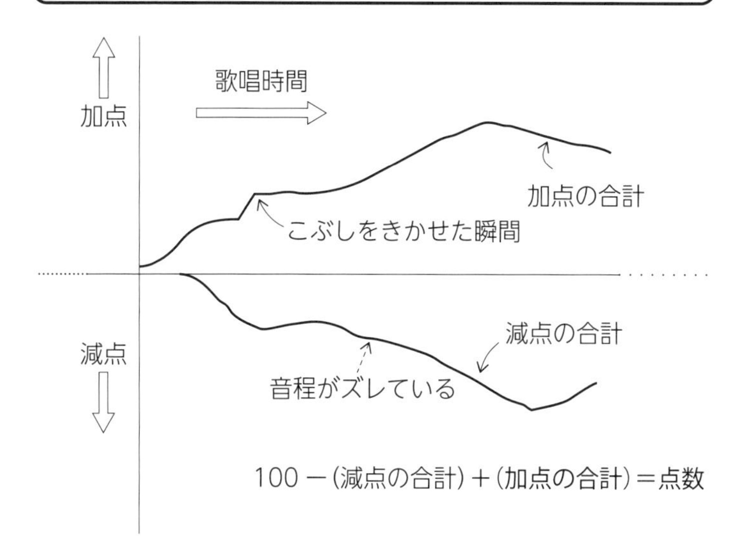

30 「アニメ」は微分のたまもの

グラルくんは最近、お気に入りのアニメができました。
そこで、アニメーションはどのように作られているのか興味を持ち調べてみました。
すると、**なんとアニメーションは微分で作られているということに気づいたのです。**

アニメーションは、パラパラ漫画と同じ原理で作られています。
絵の一枚一枚、つまり一コマ一コマは静止画ですが、それらの絵に少しずつ変化を加えて連続して映すことにより、動いて見えるのです。
1秒間に24枚など、かなり多くの絵を使うため、制作には膨大な作業を要します。
微分では、今どれだけキャラクターが動いているかということを把握し、今後の動きを推測しています。

微分の考え方でいくと、アニメーションキャラクターの動きの大きさによって、グラフの変化が大きく異なります。
ここでアニメの主人公の動きをグラフで表してみましょう。
主人公のアクションが敵にまさっているとき、動きは大きくなるためグラフの波は高くなります。
逆に敵に攻められているときは、主人公の動きは小さくなるのでグラフの波は下に向かって低くなっていきます。

グラフにすると、現時点で敵にどれだけ有利になっているかがわかり、今後の作戦が見えてくるというわけです。

多くの場合、アクションバトルで決着がついた時とは一方が敗北した時、すなわち動けなくなり、グラフの波がゼロになった時でしょう。
けれど、アニメーションの場合、グラフの波が低くなりゼロに近くなったとしても、負けたわけではありません。
戦闘が終わり勝負のかたがついたので、動きが止まっただけなのです。

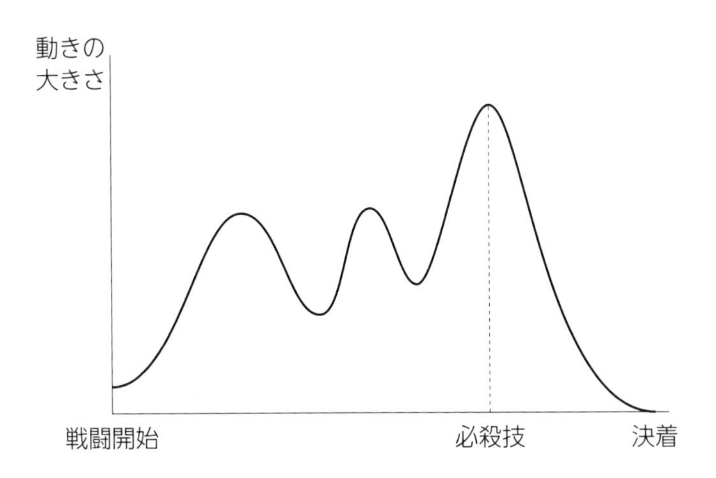

もう少し、キャラクターが敵と戦うシーンで考えてみましょう。
戦闘が始まる前、敵と睨み合っている場合、両キャラクターは

止まっているので動きはありません。
しかし、戦いが始まるとお互いに激しく動くため、グラフの波は高くなります。
そしてついに必殺技が炸裂(さくれつ)します。
その瞬間は、アクションだった場合、グラフは最大値となりますが、たとえば光線などを放った場合、ヒーロー自身は静止しているため、それほどグラフは大きく変化しません。

このアニメーションの動きのグラフは、主人公に限ったものではありません。
たとえば主人公の友達や、道ゆく車も動いています。それから空の雲や海の波など、動いているものは他にもいろいろあるわけです。
それぞれの動きを重ねていったものが、ひとつの作品となるのです。

たとえば恋愛アニメなどの戦いが発生しないストーリーであっても、キャラクターは動いています。
その場合も、何かしらのエピソードによって、キャラクターの動きは変わるわけです。
微分のグラフも、キャラクターの動きに応じて変化していくのです。

式

アニメーションの時間をt、キャラクターの位置を$f(t)$とすると

キャラクターの動く様子は$\frac{df}{dt}$と書ける。

大きな動きを起こすと$\frac{df}{dt}$は大きな値になり

止まっているときは$\frac{df}{dt}$は0になる。$\left(f(t)=0\right)$

この$\frac{df}{dt}$の緩急がしっかりしているほど、自然で見やすいアニメーションができているということになる。

31 「映画のヒット予測」は微分でできる

グラルくんにはSNSでトレンドワードをチェックする習慣があります。
最近どんなことが流行っているのかを知るのに便利だし、リアルタイムで最新のニュースを知ることができるからです。
特に自分が観てきた映画の感想を見て回るには便利なのです。

先日、グラルくんはとある映画を公開初日に観に行きました。
大変おもしろかったので「これは人気が出るぞ」と思っていたら、たちまち興行収入も動員数も伸び、SNSのトレンドワードも映画関連の単語で埋め尽くされました。
しかし、やがて新たな映画が公開されると話題はそちらに移り、動員数も落ちてトレンドワードからも外れてしまいました。

ここ十数年のうちに、スマートフォンの普及など技術の進歩の影響で、インターネットと私たちの間の垣根はかなり取り払われました。
その結果、私たちはSNSに関わる機会が以前よりも格段に増えました。

このような背景の中で新しく生まれたものが「トレンドワード」と呼ばれる機能です。
これはSNS上で最新ニュースやおもしろいトピックが広範囲に拡散されることで、通常よりも遥かに多くの注目を受けることを指します。
「今日」「私」といったありふれた言葉は、普段からたくさん投稿されているのでトレンドワード入りすることはありません。
ちなみにトレンドワードは、ニュース番組などメディアに取り上げられやすいと言われています。

一度トレンドワードになると、情報拡散のスピードは飛躍的に上がります。
たとえば大地震などの災害が起きた時には、大勢の人がその現状を投稿します。
そんな時にSNSなどでトレンドを調べることで、災害の様子をニュースやラジオよりも素早く把握できることもあります。

これらの現象は微分で説明できます。
SNS上での１時間あたりの投稿数をカウントすることで、微分の式として考えることができるのです。
時間を横軸、１時間あたりの投稿数を縦軸とするグラフを考えてみます。
話題になっている間は投稿数も大きく増加しグラフも右肩上がりとなり、大勢の人にその情報が伝わることでトレンドワード入りします。
しかし、他の新しいニュースなどが入ってくると次第に投稿数は減り、トレンドワードから外れてしまうわけです。

トレンドワード入りしている間は話題の中心となっている状態であり、一種のお祭り騒ぎであると言えます。

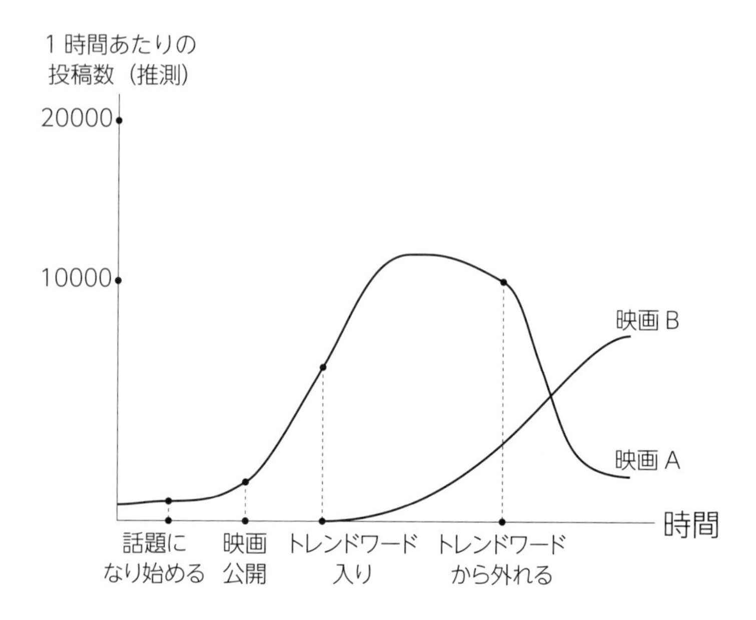

色々な話題の流れを知るためにも、時々トレンドワードをチェックしてみるのもいいかもしれません。

式

トレンドを計算式で表すとき
SNS上の１時間あたりの投稿数を$f(t)$
投稿数の増減を$\frac{df}{dt}$とする（tは時間）。

$\frac{df}{dt}>0$のときは投稿数が上昇している（注目されている）。

しばらくの間注目され続けることでトレンドワードに入る。

常に投稿数が多い言葉だと、投稿数がそれ以上増えることはあまりない（$\dfrac{df}{dt}$が0より大きくなりにくい）。
よってトレンドワードには入らない。
この仕組みにより、ずっと流行している言葉はトレンドワードに入りにくいようになっている。
（$f(t)$が大きいと増えにくいので、$\dfrac{df}{dt}$も小さくなる）

32 「競馬のオッズ」は積分で決まる

グラルくんのお母さんには、応援している競走馬がいます。
とても強い牝馬（ひんば）です。
しかし先日はちょっと調子が悪く、馬券を買った馬は負けてしまいました。
お母さんが競馬で損をしないためには、どうしたらいいでしょうか。

競馬で勝つためのいちばん近道は、負けない馬の馬券を買うことです。
競走馬には、負けやすい馬と、負けにくい馬がいます。
それを「勝率」という言葉で表現しています。
１戦も負けなかった馬は、勝率100％です。そして１戦も勝てなかった馬は、勝率０％です。
できるだけ勝率が高い馬の馬券を買うことが、負けないコツのひとつと言えるでしょう。
しかし、勝率だけではわからないことがあります。それは、対戦相手の強さによって、勝てる可能性が左右される、ということです。

馬券を買う際に、注目すべき数字があります。それは「オッズ」です。オッズとは、「買った馬券が何倍になって返ってくるか」を指す数字です。
このうち、どの馬が１位になるか、ということを予想する方法は、

「単勝式」と言います。
強い馬、つまり勝てる可能性が高い馬の場合、このオッズが低く出ます。
グラルくんのお母さんが買った馬券は、1.2倍のオッズでした。
つまり100円賭けたら120円になるということです。

　どの馬券を買うかは、様々な要因によって判断されます。
馬券を買うベテランとなると、馬の体調、騎手の調子、その日の天候、馬場の状態、対抗する馬たちの強さや体格などを加味して総合的に判断するようになります。
それぞれの要因が複雑に絡み合って、馬券の売れ行きに変化が出ます。
馬券の売れ行きが変化すれば当然、オッズの数字も変化していきます。**この小さな変化を積み重ねることに、積分が使われているのです。**

　次に、馬の強さについて考えてみましょう。
ここでは、馬が日頃どのような生活を送っているかが深く関わってきます。適度なエサをとり、適度なトレーニングをしていれば、その馬は強くなります。
いうなれば、それまでの積み重ねが今のその馬の実力なのです。
この積み重ねも、積分で考えることができます。

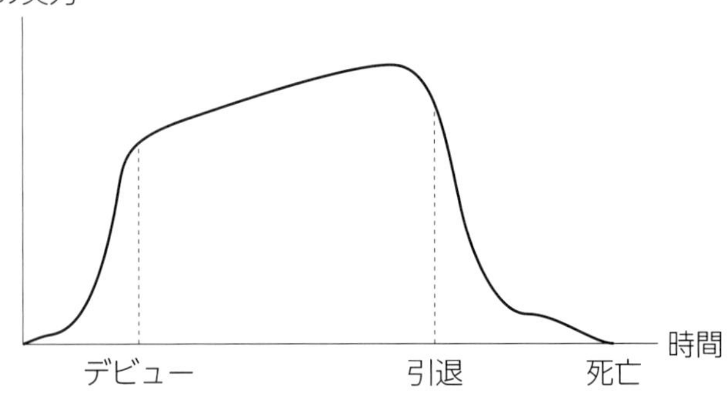

　この考え方は、競馬に限ったことではありません。
競輪、競艇、オートレースでも、同様にオッズがあり、様々な条件でその数字を決めています。

グラルくんのお母さんが次のレースで勝つためには、一番オッズが低い、つまり一番勝ちそうだと予想されている馬に投票することが最もよいでしょう。
しかし安全であるがゆえに、戻ってくるお金もあまり多くはないため、ギャンブル性を求める人には向いていない方法です。

　なお、グラルくんのお母さんには応援している馬に対して馬券を買っているため、オッズの数字だけで選んでいるわけではありません。
けれどグラルくんのお母さんが応援している馬のオッズがあまりに高い場合、勝つ確率はあまり高くないため、あまり賭け金を奮発しすぎないほうがいいでしょう。

33 「パーソナルトレーナー」は微分で最適なトレーニングを考える

グラルくんのお母さんはこのごろ少し太ってしまったようで、お気に入りのスカートがきつくて入らなくなりました。
そのためあと３kg痩せようと思い、パーソナルトレーナーのところに通ってトレーニングを始めることにしました。

ダイエットが目的のパーソナルトレーニングの場合、腹筋運動などの筋トレや、体幹を養うバランスボールなどのメニューが組まれます。
これらをこなせば、お母さんの場合３ヶ月ほどで目標体重に到達するそうです。

ダイエットの過程を見るためには、体重の推移をグラフにするのが一般的です。
筋トレの場合、翌日すぐに体重が落ちるわけではありません。運動量の増加に伴い、徐々に減っていくのです。
だからといって運動量を増やせば増やすほど痩せられる、というわけでもありません。
適度な運動量に抑えるほうが疲れすぎず、効果的なのです。

グラルくんのお母さんは体重が減り始めたとき、気をよくして少し食べ過ぎてしまいました。
すると体重はすぐに元に戻ってしまいました。
どんなにいいトレーニングメニューを組んでも、それを実行する人の日常生活が乱れたら、痩せることはできません。

そして体重増加を知られて叱られたくないあまり、お母さんは翌日絶食しました。
すると体重は一時的に落ちましたが、リバウンドなのかその後前にも増して体重が増えてしまったのです。

トレーナーは、体重や体脂肪量や本人のやる気や基礎体力などを総合的に判断し、今後のメニューを決めています。
こうした今後の体重予測には微分が使われています。
トレーナーは時間の経過に対する体重の変化を豊富な経験も活用しながら予測し、的確に指導しています。

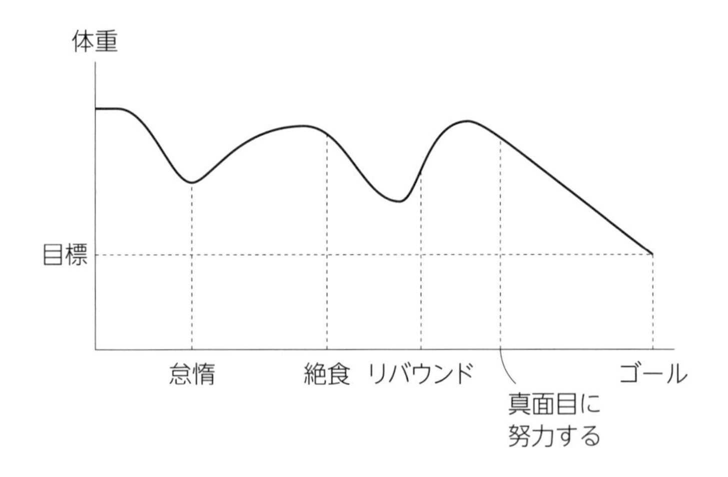

また、トレーニングの計画は基本的に、受ける人がサボらない

ことを前提に立てられています。
しかし、グラルくんのお母さんのように誘惑に負けてしまう人が出た場合、またそこから新たにデータを調整し、本人の負担にならないような配慮も入れながら目標体重に向けた道筋を立てていくのです。

メニューを調整してもらったグラルくんのお母さんは、
そこからは反省し真面目に頑張ったため、無事に目標体重にたどり着くことができました。

式

自分の体重を$f(t)$とする（tは時間）。
体重の変化を$\frac{df}{dt}$とする。
トレーニングが順調ならば$\frac{df}{dt}$がマイナスとなり$\left(\frac{df}{dt}<0\right)$
サボりなどによりダイエットに失敗しているとき、$\frac{df}{dt}$はプラスになる$\left(\frac{df}{dt}>0\right)$。
また、理想の体重を維持しているときは、体重の変化がないので$\frac{df}{dt}=0$となる。

34 「ボードゲーム」は微分で計算したものが勝つ

グラルくんが、アイちゃんとオセロゲームをして遊んでいます。グラルくんは先攻で黒、アイちゃんが後攻で白です。

オセロは、64マスの中で最後にどちらの色のマスが多いかで勝敗を争います。
途中まで自分が優勢でも、相手の色で挟まれた自分の色が大量にひっくり返ることがあるので、勝負は最後までわかりません。

グラルくんの手番が来ました。
黒の石を置けるマスは３つあります。どのマスに石を置くかで、その後の勝負の明暗が分かれるかもしれません。
どこに置けば有利にゲームを展開できるかを、置く前に推測する必要があります。

誰だって自分が一番有利になるところに置き、相手を窮地に追い詰めたいものです。
次の一手で最も多くのマスを取ることができるところに打ったとしても、またその次に相手にひっくり返される可能性もあります。
そのため、次の一手のことだけを推測してもゲームが有利になるとは限らないのです。
将棋やチェスなどもそうですが、「何手も先の展開を読んで戦う人が強い」と言われています。

次の一手により、どれだけ戦況に変化が起きるか、これを分析

するのも微分の考え方です。
でも、オセロの試合中にいちいちコンピューターで分析することはできません。
人間は、頭の中で知らず知らずのうちに微分的に思考回路を巡らせているのです。

３つの箇所のうち最も有利な一手、つまり最善手を打ったとき、ゲームの展開はより有利になるでしょう。
最も不利な一手、つまり最悪手を打ったとき、ゲームの展開は不利になってしまいます。
場合によってはこの一手だけで負けが確定してしまうこともありえます。
有利でも不利でもない手を打った場合は変化が起きません。有利不利を推測するグラフを作った場合は横ばいとなるでしょう。

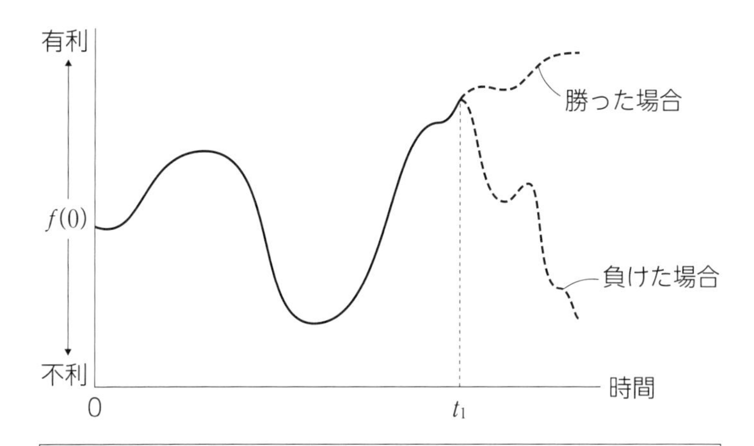

自分の有利さの度合いを $f(t)$、時間を t とする。
ある局面（t_1）で自分の選択肢が３つあるとすると、それぞれ $f(t)$ に異なる変化をもたらす。
どの選択をするかで、$\dfrac{df}{dt}$ の大きさが決まる。

この有利不利を推測するグラフは、自分の打った手だけで上下するわけではありません。
相手の打った手によってもゲームの展開は変化します。
たとえばこちらがとても困る位置に相手が石を打ってきたら、こちらの形勢は不利になります。
しかし、相手が打つ手を間違えた場合、こちらが有利になる場合もあります。そのような時も、勝負の有利不利のグラフは変化します。

オセロゲームの場合、勝敗は大抵60手目でつきますが、勝ちが確定した場合、勝率は100%となります。
つまりグラフの最も高い位置となります。
そして負けた場合は勝率が０％ですから、グラフは最も低い位置となります。

プロ同士の戦いでは、60手目よりもはるかに早く、相手が降参する場合があります。
それは、プロがこの先の展開を全て読み切り、自分の勝率がゼロであることを確信したからです。
それもまた、微分的思考と言えるでしょう。

式

自分の有利度（勝率）を$f(t)$とする（tは試合の展開）
戦況の変化を$\frac{df}{dt}$とする。

たとえば間違った手を打ったときは$\frac{df}{dt}$がマイナスとなり

$\left(\frac{df}{dt}>0\right)$ 有利な手を打つと$\frac{df}{dt}$はプラスになる $\left(\frac{df}{dt}>0\right)$。

例えば２人用のゲームならば、$f(t)$は$\frac{1}{2}$より大きい方が有利となる。

第5章
コミュニケーション編

35 「内申点」は積分で計算がつく

長い人生の間には大きなイベントがいくつかあります。
また、人間関係に悩むこともあるでしょう。
今後の人生が大きく変化するような決断の時、あなたは無意識のうちに微分・積分を使っているのです。

アイちゃんは、高校の推薦入試に挑戦することになりました。
推薦入試では、内申点も合否判断の目安として使われます。

内申点とは、普段の学校生活の成績を示します。
大抵は５段階評価で表され、各学期に出される評定をもとに計算されます。
つまりアイちゃんの場合、中学１年生の１学期から、推薦入試を受ける中学３年生の１学期までの評定の平均で判断されます。

アイちゃんは１年生のときは勉強のしかたがよくわからず成績はいまひとつでしたが、グラルくんに教えてもらったこともあり、徐々に点数が伸びていきました。
日々の授業で宿題をきちんと提出していたこともあり、成績（評定）も上がってきています。

では、内申点はどうやって計算されているのでしょうか。
内申点は普段の授業態度や、小テストの結果、遅刻や欠席の数などの積み重ねです。

すべてに非がない人は、最高の点数となるでしょう。
しかし、授業態度も小テストの結果も悪く、遅刻や欠席だらけで宿題も出さない、というような人は、最低点がついても仕方がありません。

この内申点の計算方法は学校によって違いますが、主に積分が使われています。
内申点は３年間の学習の積み重ねを点数で表したものなので、ある学期の成績が極端に低かったら、平均も下がってしまいます。他の学期の成績がどれほど良くても、最高の内申点にはなりにくいのです。
成績を決めるときには、それぞれの生徒の遅刻や宿題の提出状況などのデータをもとに、たくさんの計算がなされているのです。

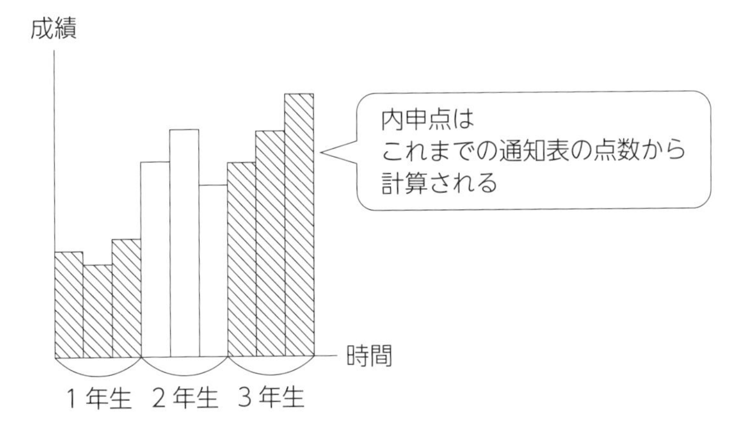

推薦入試は、普段の授業態度が良い人は内申点が高くなるの

で、とても有利な制度といえます。
しかし、遅刻が多いなど普段の授業態度に心配な点がある人は、内申点が低くなるので不利になる可能性があります。
その場合、利用する入試制度を一般入試に変更したほうが合格しやすいかもしれません。

このように、日頃の行いを点数で評価するのは、内申点に限ったことではありません。
会社員のボーナスを査定する際も、社員の日頃の態度が点数化されており、それが賞与の額を左右します。
普段コツコツ頑張る人は、こうした評価制度をありがたく思うでしょう。
しかし、サボりがちな人は、あまりよい気分がしないでしょう。

ただし、サボっている人が人として良くない、というわけではありません。
たとえば会社員の場合、ウルトラC的な企画提案ができたり、営業で大きな契約を取ってきたりすることができれば、普段の怠惰ぶりも帳消しになるほどの高い評価を得ることができるのです。

大学などの推薦入試でも同じことが言えます。
成績があまり良くなくてもスポーツやなにかのコンクールで入賞などすると、それが高く評価され、合格できる場合もあります。
自分に合うスタイルの評価制度を利用することが大切です。

式

学校生活の成果を$f(t)$と表す（tは時間）。
卒業をb，入学をaとすると
$\int_a^b f(x)\,dx$の値によっておおよその内申点がわかる。
１年生の時期をa〜c
２年生の時期をc〜d
３年生の時期をd〜bとすると、
それぞれの内申点はおよそ
$\int_a^c f(t)\,dt$、$\int_c^d f(t)\,dt$、$\int_d^b f(t)\,dt$と書ける。

36 配信者の人気度は積分で見える

アイちゃんにはお気に入りの配信者がいます。
その人の番組を観て、いつも笑っています。
そしてその人の視聴者数が増えると、「人気が出てきた」と言って喜んでいます。
ある日、その番組に「投げ銭機能」が付きました。これをつけるためには、いくつかの条件があるようです。

投げ銭機能とは、お気に入りの配信者にアイテムやポイントなどを送って応援するシステムです。投げ銭を送ると配信者の報酬になります。
動画サイトに手数料を差し引かれるので、全額とは行かないものの、配信者にとっては貴重な収入源です。

しかし、配信者がこの投げ銭機能をつけるために条件をつけている配信サイトもあります。
あるサイトでは、チャンネル登録者数が1000人以上であること、それから、動画の累計視聴時間が4000時間以上であることが必要です。

そのため、自分の番組の開始後に人気が出て登録者が増えるよう、配信者は努力を続けなくてはなりません。
人気になるために必要なのは、動画を定期的に投稿し続けることです。そうすれば視聴者に顔と名前を覚えられ、ファンになってもらい、チャンネル登録をしてもらうことができるのです。

　では、どうしたらファンになってもらえるのでしょうか。
ただ動画をアップし続けるだけで人気が出るわけではありません。視聴者が面白いと感じて、「もっとこの人の番組を見たい」と思うからこそ、チャンネルを登録するのです。

　動画サイトの登録者数が増えていくさまは、積分で考えることができます。
ファンは一朝一夕につくわけではありません。
配信者が投稿した動画を検索するなどして発見し、それを観て気に入ってくれた人がファンになってくれるのです。
　なので、まずは動画を観てもらうためのキャッチーな動画タイ

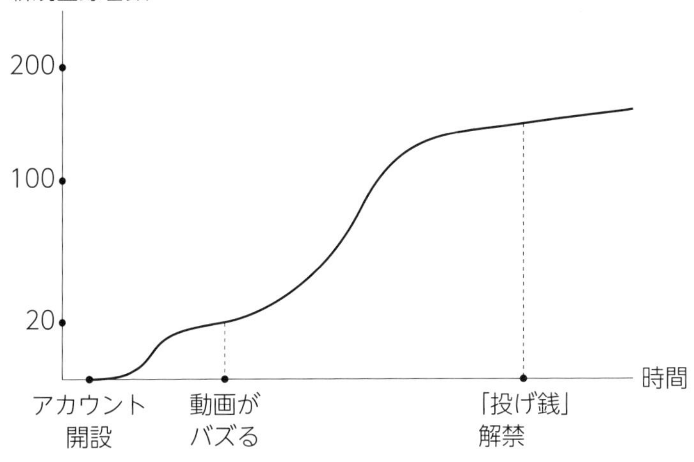

トルやサムネイル（イメージ画像）を作ることが大切なのです。

工夫を重ね、視聴者を楽しませ続けることで、ファンの増加に弾みをつけることができます。
時間をかけ蓄積されていったファンの数が、チャンネルの登録者数として表れるのです。
積分の考え方につながるのは、この「蓄積」です。
多くの人に動画の存在を知ってもらうと、登録者数も増えやすいのです。

もし幸運にも、ある日ひとつの動画がテレビや有名人に取り上げられてバズり、多くの再生数を稼いだりしたら、チャンネル登録者数もかなり増えることでしょう。

しかし、トラブルに巻き込まれて炎上すると、チャンネル登録者数が減ってしまう場合もあります。
視聴者を不快にさせないようなチャンネル運営も求められていると言えるでしょう。

アイちゃんも配信者に投げ銭をして応援したいのですが、まだ未成年なのでクレジットカードを持っておらず、できません。
その代わり、たくさん動画を再生することで応援しようと考えるようになりました。
動画再生数が多いと広告収入が増え、それもまた配信者への応援となることがあるからです。

式

チャンネルの登録者数の増減を$f(t)$と表す（tは時間）。
１ヶ月に$f(t)$人増減するくらいのペースとする。
この時、チャンネルの登録者は
$\int_a^b f(t)\,dt$と表せる（aは現在の時間、bはチャンネルを開設した時間を表す）。
この値が規定値を超えることが、投げ銭ができるようになる条件である。
もし「バズり」などで人気が出ると$f(t)$も大きくなるので
$\int_a^b f(t)\,dt$も大きくなる。つまり「投げ銭（せん）」解除も早くなる。

37 微分で計算すれば「恋愛」もうまくいく!?

アイちゃんが、バレンタインデーに塾の先生にチョコレートを渡すため、張り切って手作りしています。
塾の先生はかっこよくて優しくて、みんなの人気者なのだそうです。
グラルくんには試作品をおすそわけしてくれました。

最初はアイちゃんのように憧れで始まり、お互いのやりとりを通じて、特別な感情に発展することもあるでしょう。
しかし、憧れのまま終わり、恋愛には発展しないケースのほうがおそらく多いのではないでしょうか。

恋愛感情は、常に一定ではありません。
たとえば交際を始めたばかりの頃は、とても楽しく、相手のよいところばかりが見えるものです。
しかし交際が進むにつれて、たとえば相手の浮気が発覚したり、暴力を振るわれたりということもあるかもしれないのです。

そのような大きな事件ではなくても、たとえばデートの時間に遅刻されることが続いたり、メッセージの返信がなかなか戻ってこなかったりなど、小さなガッカリが続くと徐々に相手に対する好感度は下がってしまいます。
しかし、相手の誕生日にサプライズでお祝いをすると、好感度を上げることもできるのです。

ただし「こんなことで私の機嫌が直ると思ってるの？」などとチクリと言われる可能性もあるでしょう。

恋愛における相手の好感度は、微分によってある程度は計算したり、推測したりすることができます。
グラフは、縦軸が好感度、横軸が時間で表します。つまり時間が経つにつれて相手の好感度がどう変化しているかを把握することができるのです。
時間が経つにつれ好感度が上がる人もいれば、下がってしまう人もいます。

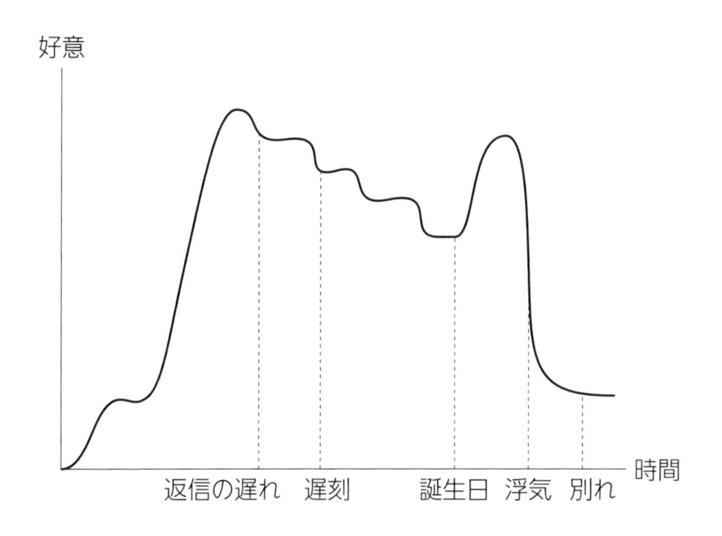

しばしば
「こんなにお金をかけたのにどうして好きになってくれないん

だ！」と嘆く人がいますが、恋愛はかけたお金の額で決まるわけではありません。
いくらお金をかけても相手の自分に対する好感度が上がらなければ、意味はないのです。
どうしたら自分の好感度が上がるかを考えることが必要なのです。

しかし、少しずつ積み上げていった好感度も、大きな事件が起きれば全てチャラになってしまいます。
たとえば、彼氏が浮気したことがバレてしまったとき、彼女が浮気は絶対許せないというタイプだった場合、一瞬で好感度が急降下し別れを迎えてしまうこともあるのです。

このようになりたくないのなら、日頃から彼女の性格を良く把握し、どのようなことをしたら喜ぶか、どのようなことをしたら怒られるかを知っておくことが必要です。
相手のデータを集め、今後の対応を考える。微分の考えかたを使えば、恋愛がうまくいく助けになることでしょう。

式

相手の好感度を$f(t)$とする（tは時間）。
好感度の変化を$\frac{df}{dt}$とする。
相手の印象が悪化すると$\frac{df}{dt}$はマイナスになる$\left(\frac{df}{dt}<0\right)$。
相手を喜ばせることで$\frac{df}{dt}$はプラスになる$\left(\frac{df}{dt}>0\right)$。

たとえば相手の苦手なものを知っておくと$\frac{df}{dt}$はマイナスになりにくくなり恋愛も成功しやすくなる。

38「いじめの発生率」は微分でわかる

グラルくんのいとこのアイちゃんが、塾の仲良しグループから仲間外れにされて悩んでいます。

この頃、成績が伸びて先生にほめられているアイちゃんを、
グループのみんなはおもしろく思わなかったのかもしれない、ということです。

なぜ人はいじめの加害者になってしまうのでしょう。
それにはいくつかの理由が考えられます。
大きな理由のひとつとして、ストレスが考えられます。
ストレスが溜まりすぎて限界を超えると、いじめという行動に走る人が出るのです。

一方、ストレスを感じても、早いうちにカラオケなどで発散し、
ストレスを溜めずに上手にコントロールする人もいます。
うまくストレスを発散できないと、ストレスはどんどん心の中に溜まっていき、あるとき限界を超えてしまうのです。

ストレスが限界を超えても、全員がいじめの加害者になるわけではありません。
不眠症になる人もいれば、食欲がなくなる人もいます。
家の中のものを壊すことで発散する人もいるかもしれません。
いじめという行動に出る人ばかりではないのです。

いじめの被害者が、加害者のストレスの原因のすべてというわけではないでしょう。加害者本人のストレスがもともと溜まっていて、たまたま目に入った人を標的にしたということも考えられます。
つまりいじめとは、ストレスが限界を超えたときに起こる行動のひとつなのです。

このストレスが積もり積もっていく様子は、
自分のストレス量を縦軸、経過時間を横軸とすると微分のグラフで見ることができます。

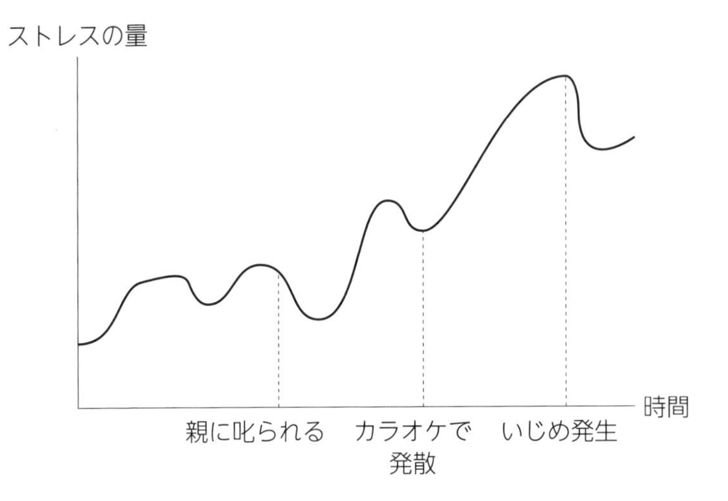

ストレスについては、12「『ストレスの値』は積分でわかる」

でもお話ししました。
　そこでは積分で考えていましたが、今回は微分です。
なぜかというと、ここでは「ストレスの量」ではなく「いじめが発生する可能性」に着目して考えているからです。
この可能性を知っておくことで、発生を未然に防げるかもしれません。
　グラフでは、どんどんストレスが増えたことで危険な状態になっているのがわかります。
これはつまり、「いじめが起きやすい状態にある」ということです。
発生する前に、たとえばカウンセラーに相談するなどして、気持ちを健全に保つ必要があるでしょう。

　アイちゃんはその後成績のいい子が集まる選抜クラスに移動したため、いじめられることはなくなりました。

　限界を超えて他人に対して攻撃的になってしまった場合、いじめた相手を傷つけてしまうことになります。
そうなると自分だけの問題ではなくなってしまいます。そうならないためにも、自己コントロールを心がけることが大切です。

式

自分のストレス量を$f(t)$とする（tは時間）
ストレスの変化を$\dfrac{df}{dt}$とする
カラオケなどでストレス発散したときは$\dfrac{df}{dt}$がマイナスとな

り（$\frac{df}{dt}<0$）、
苦痛などによりストレスが溜まると$\frac{df}{dt}$はプラスになる（$\frac{df}{dt}>0$）。
ストレスが溜まる原因を減らすと$\frac{df}{dt}$はプラスになりにくくなり、$f(t)$は減りやすくなる。

39 今後の「昇進確率」は積分で予想する

グラルくんのお父さんが会社で昇進しました。今夜は家でお祝いです。

就職し、会社に入社してしばらくすると、昇進の機会がやってきます。
一部の会社では、昇進するためには昇進試験を突破することが必要になります。
グラルくんのお父さんも試験に合格し、無事役職につくことができました。

昇進の確率は、今までの実績の積み重ねによって変化します。
新卒で入社したばかりで何も実績がない人は、いきなり昇進はできません。
転職者で今まで在籍していた会社で実績がある人は、いきなり役職がつくこともありますが、これは特別な場合です。

ある程度勤続年数を重ね、経験を積むと、「そろそろ昇進してもいいのではないか」という話が出てきます。
本人に昇進の意思があれば、昇進試験を受けたり、希望を伝えたりすることでそのチャンスが出てきます。

昇進の確率は、積分でわかります。

自分が積み重ねてきた実績を頭の中で数値化し、それを足していくことで、あとどのくらいで昇進できそうか、ということがわかります。
しかし実績は、必ず足し算になるわけではありません。
ミスをするとマイナス、つまり引き算になることもあるのです。
どんなに実績を積んでも、それ以上にミスが多ければ、昇進の可能性は薄くなってしまうのです。

「実績の数値化」という考え方は、ボーナスの査定の予測にも使えます。
ボーナスの査定は、一般的に半期に一度計算されます。
査定の数値は、半年間の実績の積み重ねで出ます。半年間をさらに細かく分けて、日々の実績を計算しているのです。
つまり毎日ちゃんと仕事をしていれば、査定が悪くなるようなことはありません。

たとえば、とある若手社員の場合、入社２年目で担当した企画が大当たりして臨時ボーナスが出るほどの業績をあげました。
しかし、３年目で大事なイベントをダブルブッキングしてしまうという大きなミスをしてしまい、評価が下がりました。
けれどその後、ミスを挽回（ばんかい）すべく頑張って働いたので、５年目に見事昇進することができました。

しかし会社員生活は長く、ひとつの昇進がゴールというわけではありません。
その後もさらに上の役職を目指し、進んでいくものなのです。
ひとつひとつのステップを、気を抜かずに努力していくことが必要となるでしょう。

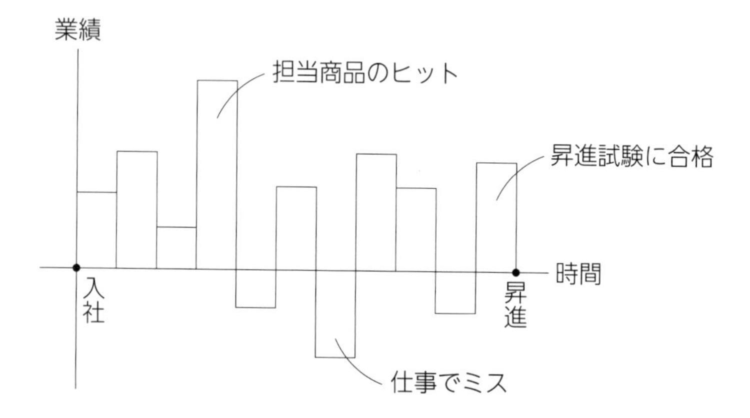

積分でわかるのは、あくまでも「昇進の確率」のみです。
上司や社長に気に入られなかった場合、昇進を阻まれる場合もあるでしょう。
逆に気に入られた場合は、昇進にはまだ早くても、早期に役職に抜擢（ばってき）されることもあります。
昇進したい場合は、ある程度会社に協調することが必要なのでしょう。

式

実績の量を$f(t)$と表す（tは時間）。
tの期間をaからbまでの範囲とすると（昇進の時間をb，入社した時間をaとする）、
$\int_a^b f(x)\,dx$の値が大きいほど昇進のしやすさがわかる。
何か大きなミスをしたとき（$f(x)$のどこかが大きなマイナスになったとき）、$\int_a^b f(x)\,dx$の値も小さくなるので、そのぶん昇進も難しくなる。

40 資格試験の「学習進度」は積分で見える

アイちゃんはいま、漢字検定３級の勉強をしています。
３級では、1600もの常用漢字を覚えなくてはなりません。
１日５つの漢字を覚えても320日と、約１年かかる計算です。

アイちゃんはすでに４級を持っています。４級ですでに1300の漢字が出題範囲となっているため、アイちゃんは新しく300の漢字を覚えるだけで済みます。

しかしアイちゃんは苦戦していました。部活動に忙しく、なかなか勉強の時間が取れなかったのです。そのため、学習が進みませんでした。そこにグラルくんが現れたので相談してみました。

グラルくんは「勉強する漢字の数だけシールを買って部屋に貼ってみたら？」とアドバイスしました。
「それは楽しそう」と思ったアイちゃんはさっそく実行することにして、部屋に300のマス目がある表を貼り出しました。
覚えた漢字の数だけ、かわいいピンク色の花のシールを貼っていくことにしました。

検定試験のためにたくわえる知識量は、積分で考えることができます。アイちゃんは表を作り、シールを貯めていきましたが、積分のグラフの場合は日ごとの棒グラフで考えます。
たとえば勉強を頑張っていた日は、グラフは長く高くなり、勉強をサボった日は短くて低いグラフとなります。

この時、それまでに貯めてきた知識量というものは、「増えた花のシールの数」として表れます。これは一種の積分と言えるでしょう。

アイちゃんにとってはシールを貼ることがモチベーションアップにもなりましたが、
積分のグラフにすると何がわかるかというと、「いつ頑張り、いつ頑張らなかったか」というその日ごとの成果を可視化することができるのです。

最初のうちはアイちゃんは学習が思うように進まずやる気が出ない状態でした。しかしグラルくんにアドバイスを受けた途端、グラフは急激に伸び、どんどん勉強がはかどっていきました。

一方で、漢字は一度覚えたら永遠に記憶できているわけではあ

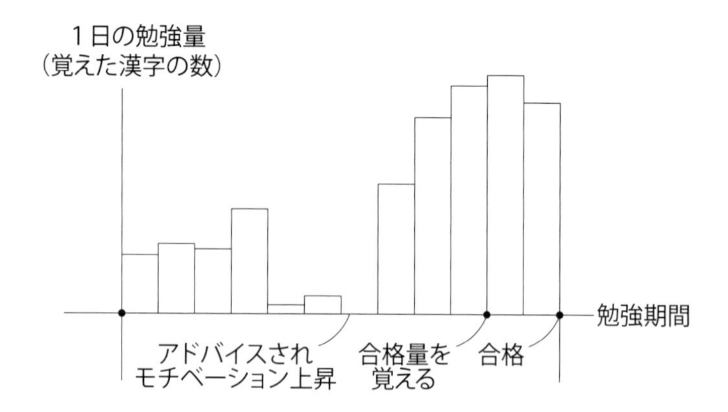

りません。せっかく覚えた漢字も使わなければ、時間が経つにつれてだんだんと忘れていってしまうのです。
そのためには、こまめに復習をすることが必要です。
　その様子を表した有名なグラフが「エビングハウスの忘却曲線」です。
人間の忘れやすさをグラフにしたもので、これによると
「一度勉強したものを24時間以内に復習すると、格段に忘れにくく記憶が定着しやすくなる」
という実験結果が得られています。

　アイちゃんも、覚えた漢字を忘れやすかったので、漢字を勉強すると同時にこまめに前日の復習をするように心がけるようになりました。壁に貼ったシールが毎日増えていくたびにお部屋が花が咲いたように華やかになり、もっと数を増やしたくなり、勉強を頑張るようになったのです。
　おかげであっという間に300の漢字を覚えられ、見事検定にも合格したのでした。

式

　１日に覚えた漢字の数を$f(t)$と表す。
仮に、tがa（１ヶ月前）からb（現在）までの範囲とすると、
１ヶ月の間に覚えた漢字の量は$\int_a^b f(x)\,dx$と書ける。
この値が十分に大きい（十分に漢字を覚えている）ほど試験に合格しやすい。
勉強している人ほど$f(x)$が大きいため、$\int_a^b f(x)\,dx$も大きくなりやすい。つまり、合格しやすい。

41 「パーティー」を仕切るなら微分で計算しよう

グラルくんとアイちゃんは、親戚のお姉さんの結婚パーティーにやってきました。
パーティーが始まる前に、司会の男性と打ち合わせがありました。
新郎新婦に花束を渡すことになっていたからです。
司会の男性は「『365日』という歌が終わったら、このドアの前に来てください」と指示しました。

司会の男性は、パーティーの全体の流れを把握し、どの部分で盛り上げようかと考えています。
新郎新婦が入場して拍手が起き、友人たちの祝辞が続き……などと進む宴の中で、どのあたりで笑いが起きるか、どのあたりで感動するかなどと、盛り上がるポイントをしっかり考えてプランを練っているのです。

パーティーが淡々と続いたら、みんな飽きてしまいます。
しかし、ずっと盛り上がっていても疲れます。歓談の時間や、ごちそうを食べる時間も必要です。
時間配分をスムーズに運ぶのも、司会の仕事なのです。

このような、盛り上がりの緩急のつけ方の調整も、微分のひとつと言えます。
演目によって場の雰囲気がどう変化するか、司会者はそれを計算に入れて、全体の進行プランを練っているのです。

司会者の頭の中には、目には見えないこうした進行グラフが存在しているようなものなのです。場が盛り上がるとグラフが上昇し、静かになるとグラフは下がります。

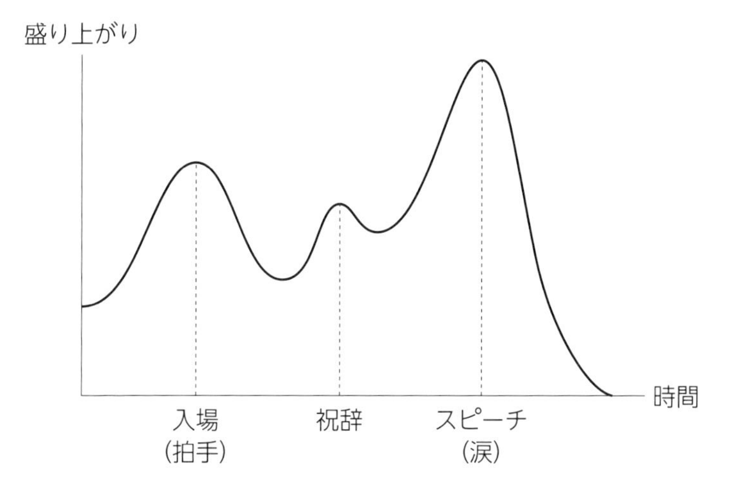

結婚パーティーに限らず、多くのイベントにはこうした進行プランが存在します。
イベントごとに盛り上げ度の高さは違います。たとえばお葬式では盛り上げる必要はありませんし、学会などの真面目な会合でも笑いを起こす必要はありません。
逆にお笑いのイベントの場合は、終始笑いが起きているほうがいいのです。
イベントごとに想定された進行グラフは異なります。

さて、グラルくんとアイちゃんは「365日」の歌が終わったあと、無事に新郎新婦に花束を贈呈することができました。
その後が今回のパーティーで最も盛り上がる新郎新婦のスピーチタイムです。
２人が涙ながらに今までの感謝を皆に述べるところで、感動は最高潮となりました。
そしてその高まった雰囲気の余韻があるなかで、パーティーはお開きとなったのです。

　このように人々の感情がどう動くかを読んで、パーティーの流れを作っても、当日に様々なハプニングが起きるときがあります。
そんなときも慌てず、機転をきかせたアドリブを言えるかどうかも、司会者としての腕の見せどころと言えるでしょう。
そしてそのアドリブも実は、脳内で一瞬のうちに来客の感情の動きを計算したうえで行われているのです。

式

盛り上がりを$f(t)$とする（tは時間）。
盛り上がりの変化を$\frac{df}{dt}$とする。
たとえば場の雰囲気が落ち着いていくときは$\frac{df}{dt}$がマイナスである。
司会者は$f(t)$の値を推定することで場の雰囲気をコントロールしている。
イベントの時間がきたら、場を盛り上げる（$f(t)$を高くする）ために$\frac{df}{dt}$を操る。

42 「戦争」の作戦は積分で立てる

　グラルくんが家にあったアルバムを見ていると、軍服を着ている男性の写真がありました。
これは誰かと聞くと、グラルくんのひいおじいさんだということでした。ひいおじいさんは戦争で亡くなったそうです。

　戦争が起きると、大勢の人が命を落とします。長引くと、被害も甚大になります。
戦争の被害者の数は、戦地から報告される日々の死者数を合計し求めています。
つまりこれも、積分によって考えられるのです。

　敵側の死者数の把握も必要です。
自国と比較すれば、どちらが戦局で有利になっているかが見えてくるからです。
さらに追加すべき兵の数も考えやすくなるし、進撃するか撤退するかの判断もしやすくなります。

　開戦後、しばらくして敵に陣地を攻め落とされたとします。
その場合、こちらにはおびただしい数の死傷者が出る場合もあります。
その後も撤退せず戦い続けた場合、さらに被害が増えることでしょう。

また、互いに睨み合いが続いた場合、一時的に休戦になることもあります。
そのときは戦っていないのですから、死傷者はゼロになると思うかもしれませんが、そうではありません。
仕掛けられた爆弾などで、被害が出ることも考えられるからです。

さらに戦いが再開され、戦局が進むと、敵は新たな兵器を投入することがあります。
この結果、降伏せざるをえなくなるかもしれません。そうなると戦争は終わります。
戦争が終わると死傷者はいなくなりますが、その後も不発弾などの爪痕が残ることもあります。

日々の死傷者の数を積み重ねると、この戦争全体の被害者数を知ることができます。
合計し大きな被害が出たことがわかると「戦争はもうするべきでない」と感じる人も増えることでしょう。

被害者数を積分で把握することは、戦争だけでなく、交通事故や流行病の死亡者などにも使うことができます。
その日一日の死者数だけでなく、全体的な合計がどうなっているかということを把握することは大切なことです。
戦争は国家の考えによるものなので、個人ではどうすることもできない場合がほとんどです。
しかし、交通事故や感染症は個人が気をつけることである程度は数を減らすことが可能なので、呼びかけなどで注意喚起していく

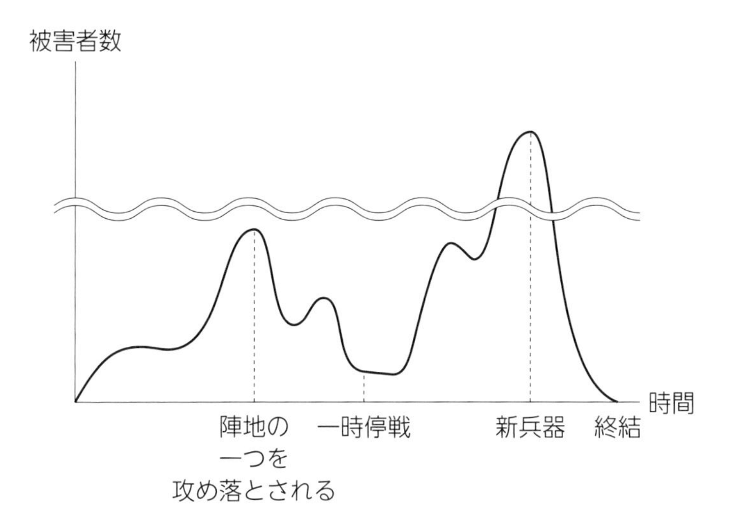

ためにも具体的な数字は必要です。

積分は足し算の積み重ねですが、その合計には大量の計算がされていることが多いのです。
たとえば、戦争が何年も続くと、データも膨大なものになります。各地からのその日ごとのデータを記録し合計していく細かな作業のくり返しが積分なのです。

式

死傷者数を$f(t)$と表す（tは時間）。
tの期間をaからbまでの範囲とすると（終戦の時間をb，開戦の時間をaとする）
$\int_a^b f(x)\,dx$の値によって戦争全体での死傷者数がわかる。
もし、いずれかの戦いで多くの死傷者が出た場合（$f(t)$の一部が大きかったとき）、全体の死傷者数（$\int_a^b f(x)\,dx$）も大きくなる。

43 あなたの「寿命」を微分で計算しよう

グラルくんのおじいさんが亡くなってしまいました。
80歳を超えての長寿でしたが、平均寿命には届かなかったので、グラルくんは「もっと長生きしてもらいたかった」と、とても悲しく思いました。

寿命の長さは、人それぞれ違います。
細胞が老化して衰えると寿命を迎える、という仮説もあります。細胞の老化の速さには個人差があり、その速さによって、その人の寿命は推測しやすくなります。

しかし人間の死は、細胞の老化のみで決まるわけではありません。突発的な事故や自然災害や病気などにより、死期が早まることもあります。
なので細胞だけをみて死期の推測はできても、正確な死亡日時までは断定できないのです。

人間は特に病気をしなくても、寿命が尽きたら死亡します。
人生の残り時間は、生まれたときが最も長く、時間が経つにつれ減っていきます。
この残り時間がさらに短くなってしまうことがあります。
その一例が、生活習慣病にかかる場合です。

生活習慣病とは、運動、食生活など普段の生活の乱れや、喫煙や飲酒の影響の積み重ねにより体調を崩すことです。
生活習慣病には糖尿病や高血圧など、重篤な状態になるリスクもあり、これによって亡くなってしまうこともあるのです。

人間の寿命については、微分で推測することができます。

年齢を重ねるにつれ、寿命はジリジリと減少していきます。
いま健康であれば､寿命の減りは平均寿命の速度で進むでしょう。
しかし連日飲み会で酔い潰れ、飲み会ではカロリーが高いご馳走を食べ、しかも大量に喫煙もしていたとしましょう。
さらに全く運動もしていないとします。
そういったリスクのある行動を長年続けていくと、健康状態を保てる可能性は低くなります。
そうなると、寿命の残り時間も平均より短くなってしまいかねません。

現時点での寿命の減少度合いを自分の体調から推測するのも、微分的な考えかたと言えましょう。
たとえば「最近全然運動していないから、今日は一駅分歩いて帰ろう」などと日常生活上で細かく調整し、こまめに体調をコントロールすることで、生活習慣病の予防につながっていくのです。

寿命を縦軸、経過時間を横軸としてグラフにしてみましょう。
生活習慣病にかかると、寿命が短くなるリスクがあります。
そうすると平均的な寿命の人に比べて、グラフは死に向かって下り坂となってしまいます。
けれど、このままではいけないと気づき、健康的な生活に変えて

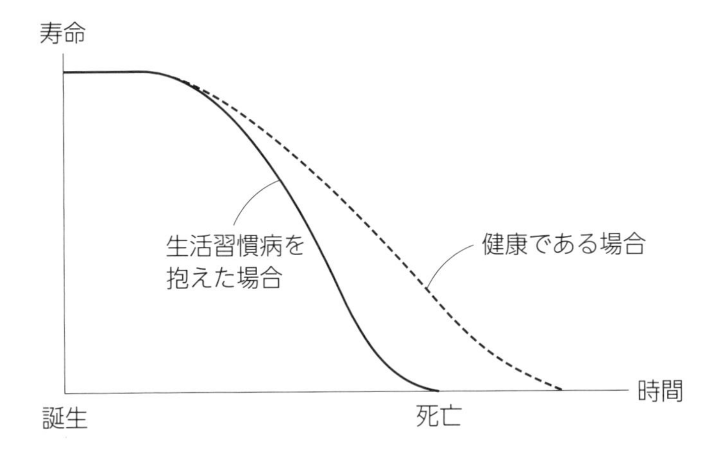

いくことで生活習慣病も改善され、寿命もグラフものびる可能性が出てきます。

ちょっと調子が悪いなと感じたら、そのままにせず早めに体調を整えていくことで、寿命を縮めることなく健康を維持できるでしょう。

式

寿命を$f(t)$とする（tは時間）

寿命の変化を$\dfrac{df}{dt}$とする

寿命は常に減り続けるので$\dfrac{df}{dt}$は常にマイナスである。

健康であれば$\dfrac{df}{dt}$はより大きくなり$f(t)$の減少は緩やかになる。

しかし寿命が増えることはない$\left(\dfrac{df}{dt}<0\right)$ので、

いつかは死ぬことになる（$f(t)$が0になる）といえる。

参考サイトリスト

第1章

1　大学入学共通テストの出題分析（東進）
https://www.toshin.com/kyotsutest/about_suugaku2.html
4　婚姻期間による財産分与・慰謝料の相場（三井住友銀行）
https://money-viva.jp/shiranakya-son/0005/

第2章

5　数値予報モデル（気象庁）
https://www.jma.go.jp/jma/kishou/books/nwptext/51/2_chapter4.pdf
6　渋滞原因解説（NEXCO 西日本）
https://www.w-nexco.co.jp/forecast/trafficjam_comment/
7　速度と加速度（工学院大学）
http://www.ns.kogakuin.ac.jp/~ft13245/lecture/2018/Phys1/Phys1_03.pdf
8　リコー・サイエンスキャラバン 大解剖シリーズ「カラーコピーの秘密 大解剖！」（リコー）
http://www.kouken.ricoh/science_caravan/_userdata/ColorCopyHimitsu.pdf
10　平成 28 年 歯科疾患実態調査結果の概要（厚生労働省）
https://www.mhlw.go.jp/toukei/list/dl/62-28-02.pdf
11　【毎日筋トレはいいのか？】（BODY DESIGN PLANNING）

https://www.bd-planning.com/blog/2017/10/7924/
12　イライラすることが増えていませんか？　怒りの感情と上手に付き合うためのアンガーマネジメント（一般社団法人　日本産業カウンセラー協会）
https://www.counselor.or.jp/covid19/covid19column9/tabid/515/Default.aspx
13　適合率(precision)と再現率(recall)（東京工芸大学）
http://www.cs.t-kougei.ac.jp/SSys/Pre_Rec.htm
14　世帯属性別にみた貯蓄・負債の状況（総務省統計局）
https://www.stat.go.jp/data/sav/sokuhou/nen/pdf/2019_gai4.pdf
15　食品の期限表示について（厚生労働省）
https://www.mhlw.go.jp/shingi/2008/03/dl/s0327-12g_0004.pdf
16　塩「少々」の量は？（株式会社エフシージー総合研究所）
https://www.fcg-r.co.jp/compare/foods_141003.html

第3章

17　土地の面積の測り方（あなたの街の登記測量相談センター）
http://www.to-ki.jp/center/useful/kiso015.asp
18　【地球と生命の進化】^{14}Cとは何ですか？（ベネッセ）
https://kou.benesse.co.jp/nigate/science/a13g05bb01.html
19　スマートフォンの指紋認証の仕組み・原理をやさしく解説（リカテック）
https://simpc.jp/rikatech/about-fingerprint-authentication/

20
パンダの生態と、迫る危機について
https://www.wwf.or.jp/activities/basicinfo/3562.html
その数1,864頭　ジャイアントパンダの最新の推定個体数
https://www.wwf.or.jp/activities/activity/1212.html
21　偏差値とは何？偏差値の意味と求め方・計算方法をわかりやすく解説！（栄光）
https://www.eikoh-vis-a-vis.com/kyoiku/vol07/
22　刑事裁判の流れ（最高裁判所）
https://www.saibanin.courts.go.jp/introduction/kidz/kidz/a7_1.html
23　平成30年度「生命保険に関する全国実態調査」（公益財団法人 生命保険文化センター）
https://www.jili.or.jp/research/report/zenkokujittai.html
24　選挙の流れを見てみよう（京都市選挙管理委員会）
http://www2.city.kyoto.lg.jp/senkyo/senkyoFriends_html/senkyo/nagare.html
25　くすりの役割（日本製薬工業協会）
http://www.jpma.or.jp/junior/kusurilabo/action/index.html
26　新型コロナウイルス　国内の発生状況など（厚生労働省）
https://www.mhlw.go.jp/stf/covid-19/kokunainohasseijoukyou.html
コラム２　【関数と極限】∞＋∞＝∞とは（ベネッセ）
https://kou.benesse.co.jp/nigate/math/a14m2103.html

第4章

27　入試問題を遊ぼう！―乗ってはいけないジェットコースター？―（大阪府立岸和田高等学校）
https://www.shinko-keirin.co.jp/keirinkan/kori/science/buturi/17.html

28　桜の開花情報の、三分咲き、五分咲き、七分咲き、満開とは？（弘前公園）
https://www.hirosakipark.jp/florescent.html

29　カラオケの練習に最適♪分析採点マスター（JOYSOUND）
https://www.joysound.com/web/s/joy/bunseki

30　漫画のアニメーション化における一考察（三鷹の森ジブリ美術館）
https://www.ghibli-museum.jp/docs/漫画のアニメーション化における一考察.pdf

31　集団心理が流行に与える影響 ～日本人の特徴である集団主義に着目して～（駒澤大学）
https://www.komazawa-u.ac.jp/~knakano/NakanoSeminar/wp-content/uploads/2019/06/森本菜生「集団心理が流行に与える影響」.pdf

32　オッズの見方（名古屋競馬）
https://www.nagoyakeiba.com/knowledge/baken/qa73.html

33　筋力トレーニングの効果と方法（公益財団法人　長寿科学振興財団）
https://www.tyojyu.or.jp/net/kenkou-tyoju/shintai-training/kinryoku-weight-traning.html

34　基礎セミナー：ボードゲームを究める「なぜボードゲーム？」（名古屋大学）
https://ocw.nagoya-u.jp/files/25/arita_1.pdf

第5章

35　学習評価の手引き（神奈川県教育委員会）
http://www.pref.kanagawa.jp/uploaded/life/1061188_3573440_misc.pdf
36　Super Chat と Super Stickers で収益を得る（YouTube クリエイターアカデミー）
https://creatoracademy.youtube.com/page/course/superchat-and-superstickers?hl=ja
37　「恋愛離れの要因の検討」（明治学院大学）
http://soc.meijigakuin.ac.jp/image/2018/04/2018-yt.pdf
38　中学生におけるいじめとストレスの関連性についての研究（文教大学）
https://ci.nii.ac.jp/naid/110009602670
39　人事昇進基準（株式会社中野自動車学校）
https://www.mhlw.go.jp/content/11800000/2-4_84a.pdf
40　学生の勉強方法による学習効率性の違いについての考察（慶應義塾大学）
https://koara.lib.keio.ac.jp/xoonips/modules/xoonips/download.php/KO40003001-00002016-3214.pdf?file_id=126955
41　披露宴の流れ（ゼクシィ）
https://zexy.net/contents/oya/kiso/program.html

42　戦争と平和 ― 国際法、国際政治、歴史の視点から ―（大沼保昭東京大学名誉教授講演）
https://www.soka.ac.jp/files/ja/20191014_160916.pdf
43　参考資料２ 主な年齢の平均余命の年次推移（厚生労働省）
https://www.mhlw.go.jp/toukei/saikin/hw/life/life18/dl/life18-09.pdf

[著者]
狭川遥（さがわ・はるか）
幼少期より数に強い興味を持ち全国中学数学大会（広中杯）ファイナリストに。現在国立大学数学科に在籍し、数学とボードゲームに浸る日々。
最近はオリジナル数学系カードゲームを企画中。
連絡先：sgw@tokyo.nifty.jp

[監修者]
鍵本聡（かぎもと・さとし）
KSP 理数学院代表講師/株式会社 KS プロジェクト代表取締役。
1966 年、兵庫県西宮市生まれ。京都大学理学部、奈良先端科学技術大学院大学情報科学研究科修了、工学修士。ローランド株式会社（電子楽器開発）、高校教員、予備校講師などを経て、現在は関西学院大学、大阪芸術大学、大阪女学院大学などで非常勤講師として教鞭をとる。同時に学習塾「KSP 理学院」を大阪で運営、中学生、高校生を対象に算数・数学教育および大学進学サポートに最前線で携わる。教育関連の講演も多数。20 万部超のベストセラー『計算力を強くする』シリーズをはじめ、『高校数学とっておき勉強法』『理系志望のための高校生活ガイド』（以上、講談社ブルーバックス）など著書多数。

図解　身近にあふれる「微分・積分」が3時間でわかる本

2021 年 11 月 30 日　初版発行
2022 年 7 月 22 日　第 5 刷発行

著　者　狭川遥
監修者　鍵本聡
発行者　石野栄一
発行所　明日香出版社
〒112-0005　東京都文京区水道 2-11-5
電話　03-5395-7650（代表）
https://www.asuka-g.co.jp

印　刷　美研プリンティング株式会社
製　本　株式会社フクイン

ISBN 978-4-7569-2145-1